MATTEO BELLUCCI

LEGGE DELL'ATTRAZIONE E SEGRETI PER UNA VITA SENZA LIMITI

Realizza i sogni che contano, potenzia la tua crescita personale

e scopri il potere dell'universo che ti circonda

Sommario

NOTA DELL'AUTORE

Cari lettori,

Mi trovate a iniziare questo libro con un sentimento di gioia, speranza e una profonda sensazione di gratitudine. La decisione di scrivere queste pagine è stata guidata da una combinazione di esperienze personali e osservazioni fatte nel corso degli anni. Ho visto la vita da diverse prospettive: i momenti alti e bassi, le sfide e le vittorie. E con ogni tappa del viaggio, ho imparato qualcosa di nuovo su come l'universo funziona e su come funzioniamo noi, come esseri umani, all'interno di esso.

La ragione principale per cui ho scritto questo libro è semplice: credo nel potere della trasformazione. Credo che ognuno di noi abbia il potere di cambiare la sua vita in meglio, di trovare la felicità, l'amore e l'abbondanza che desidera. Soprattutto, credo che ognuno di noi possa essere l'artefice del proprio destino, e ho creato questo libro come una guida per aiutare a navigare il viaggio della vita con intenzionalità e scopo.

Questo libro vi guiderà attraverso i principi della Legge dell'Attrazione, un concetto che ha guadagnato notorietà e attenzione negli ultimi anni. Mentre il tema può sembrare enigmatico o addirittura esoterico per alcuni, voglio che sappiate che le idee presentate qui sono radicate tanto nella filosofia quanto nella scienza. Questo libro è stato strutturato per essere sia pratico che accessibile, indipendentemente dal vostro background o dalla vostra familiarità con questi concetti.

Un'altra cosa che vorrei sottolineare è che il viaggio su cui vi state imbarcando non è una strada facile o una scorciatoia verso il successo. Richiederà impegno, attenzione e, soprattutto, l'apertura a nuove possibilità. Sarà un percorso di auto-scoperta, di confronto con le proprie paure e limitazioni, e di continua crescita ed evoluzione.

Infine, mentre procedete nella lettura, vi invito a tenere una mente aperta e un cuore recettivo. Ascoltate, riflettete e, quando è possibile, mettete in pratica ciò che apprendete. Il mondo è un palcoscenico di infinite possibilità e, con le giuste intuizioni e strumenti, è possibile costruire una vita che non solo vi soddisfa, ma che ispira anche gli altri.

Con amore e gratitudine,
Matteo Bellucci

CAPITOLO 1: INTRODUZIONE ALLA LEGGE DELL'ATTRAZIONE

Definizione e origini storiche

Prima di immergerci nel meraviglioso mondo della Legge dell'Attrazione e di come essa possa trasformare radicalmente la tua vita, è fondamentale comprenderne le basi. Cos'è esattamente la Legge dell'Attrazione? Sebbene la definizione possa variare a seconda delle fonti, il principio fondamentale rimane lo stesso: la Legge dell'Attrazione sostiene che i pensieri generano una sorta di energia magnetica che attira circostanze simili nella tua vita. In altre parole, ciò a cui pensi diventa la tua realtà.

Ma questa non è un'idea nuova o una moda del momento. Le origini della Legge dell'Attrazione affondano le loro radici in tempi antichi, passando attraverso diverse culture e tradizioni filosofiche. Se si guarda indietro, ad esempio, possiamo trovare tracce di questo concetto nelle antiche filosofie indiane del Karma e nel principio dell'"azione e reazione". Anche nella filosofia greca, nelle tradizioni mistiche ebraiche come la Cabala e persino nelle antiche credenze egiziane, possiamo scorgere nozioni che riecheggiano l'essenza della Legge dell'Attrazione.

Nell'epoca moderna, questa legge è stata portata all'attenzione del grande pubblico attraverso libri come "Il Segreto" di Rhonda Byrne, ma la sua essenza è stata discussa e studiata molto prima. Pensatori come Wallace D. Wattles, autore di "La scienza del diventare ricchi", e Napoleon Hill, autore di "Pensa e arricchisci", hanno introdotto questi concetti ai lettori del XX secolo. Sono stati essi a formulare l'idea che il successo non è dovuto al caso o alla fortuna, ma piuttosto all'allineamento dei nostri pensieri con le nostre azioni e desideri.

Comprendere le origini storiche della Legge dell'Attrazione non è solo un esercizio accademico. Ciò ci offre un contesto più ampio, una sorta di validazione attraverso le ere che suggerisce come queste non siano semplicemente idee di passaggio, ma principi universali che hanno resistito alla prova del tempo. L'antica saggezza coniugata con le scoperte moderne suggerisce che ci troviamo davanti a una legge tanto fondamentale quanto la legge di gravità. E proprio come con la legge di gravità, non è necessario "credere" nella Legge dell'Attrazione affinché essa funzioni. Funziona indipendentemente dalle nostre credenze, il che la rende ancora più potente e universale.

Quindi, ora che abbiamo stabilito cosa è la Legge dell'Attrazione e da dove proviene, il passo successivo sarà esplorare la scienza che sta dietro questo fenomeno. Ma prima di passare alla spiegazione scientifica, è cruciale eliminare alcuni miti e malintesi comuni, che è ciò che faremo nel prossimo punto.

Con questa base solida e storica, sarete meglio preparati a capire, applicare e trarre beneficio dai concetti e dalle tecniche che condivideremo nei capitoli successi. Avendo chiaro questo quadro generale, potremo avventurarci con più sicurezza nell'esplorazione di come la Legge dell'Attrazione possa essere applicata nelle varie aree della vita, dalla realizzazione dei sogni alla crescita personale e oltre.

Il principio di "simile attira simile"

Dopo aver gettato le basi storiche e concettuali della Legge dell'Attrazione, è ora di addentrarci nel suo principio fondamentale: "simile attira simile". Questo è il nocciolo della Legge dell'Attrazione e il meccanismo che spiega come e perché essa funziona. In sostanza, questo principio suggerisce che l'energia, i pensieri e le emozioni che emettiamo nell'universo tendono a attrarre situazioni, persone e opportunità similari nella nostra vita.

Ora, ciò che è cruciale capire è che il principio di "simile attira simile" è neutro. Non fa distinzioni tra ciò che è oggettivamente "buono" o "cattivo", "positivo" o "negativo". Quindi, se la tua mentalità è focalizzata sulla mancanza, sull'insicurezza o sul fallimento, è molto probabile che attirerai situazioni che rafforzeranno queste credenze e sentimenti. D'altra parte, se ti concentri su abbondanza, amore e successo, creerai un campo energetico che attirerà più di queste cose positive nella tua vita.

Il punto precedente ha stabilito che la Legge dell'Attrazione non è una teoria moderna o una moda passeggera, ma un principio universale che ha radici storiche profonde. Questo è particolarmente rilevante quando consideriamo il principio di "simile attira simile", perché ciò ci aiuta a comprendere che stiamo interagendo con una forza che è tanto naturale e fondamentale quanto altre leggi della fisica. Non è un "trucco" o una "tecnica" da applicare superficialmente, ma piuttosto un modo di vivere e di percepire il mondo che richiede una comprensione e un'applicazione profonde.

A questo punto, potresti chiederti: "Se il principio è così semplice, perché molte persone falliscono nell'applicarlo efficacemente?" È una domanda legittima e la risposta sta nella coerenza e nell'allineamento, argomenti che tratteremo più dettagliatamente nel punto successivo. Non è sufficiente avere pensieri positivi sporadici o fare un esercizio di visualizzazione di tanto in tanto. È necessaria una pratica costante e un allineamento tra pensieri, parole e azioni per manifestare ciò che desideriamo.

Pertanto, tieni a mente l'importanza di questo allineamento. "Simile attira simile" non è un mantra da recitare senza un adeguato follow-up. È un principio da integrare profondamente nella tua routine quotidiana, nel tuo sistema di credenze e nel tuo modo di interagire con il mondo. Nel prossimo punto, discuteremo esattamente come fare questo, offrendo strumenti pratici per garantire che i tuoi pensieri, le tue parole e le tue azioni siano in armonia tra loro e con le tue aspirazioni più elevate.

Come funziona a livello universale e personale

Abbiamo esplorato le radici storiche della Legge dell'Attrazione e abbiamo compreso il suo principio fondamentale: "simile attira simile". Adesso, è tempo di esaminare come questo principio opera sia a livello universale che personale. Questa comprensione è cruciale per poter applicare efficacemente la Legge dell'Attrazione nella tua vita quotidiana.

A livello universale, la Legge dell'Attrazione funziona come un potente magnete energetico. Non discrimina e non giudica; si limita a rispondere all'energia che emettiamo. Le tradizioni spirituali antiche e la fisica quantistica moderna convergono su questo punto: tutto nell'universo è energia. Dalle galassie ai pianeti, dagli alberi alle persone, tutto è composto di particelle energetiche in costante vibrazione. Quando inviamo un tipo specifico di energia nell'universo attraverso i nostri pensieri, parole e azioni, attiriamo a noi energie simili. È un ciclo perpetuo di attrazione e manifestazione.

Ma come funziona tutto ciò a livello personale? Bene, ognuno di noi è come una stazione radio che trasmette su una certa frequenza. Se trasmettiamo su una "frequenza della paura", attireremo più situazioni che suscitano paura. Al contrario, se trasmettiamo su una "frequenza dell'amore", attireremo più situazioni e persone che risuonano con quell'energia. Quindi, mentre il concetto può sembrare astratto a livello universale, si traduce in una realtà molto tangibile e quotidiana per ciascuno di noi.

Questo ci porta a una questione essenziale: l'allineamento. Come accennato nel punto precedente, l'efficacia della Legge dell'Attrazione non deriva solo dal pensare "positivo" in modo isolato, ma dall'allineamento coerente dei nostri pensieri, parole e azioni. In altre parole, non basta dire di voler l'amore o il successo; dobbiamo anche agire in modi che siano in armonia con queste intenzioni.

Inoltre, è importante notare che la Legge dell'Attrazione è un processo, non un evento singolo. Non è come premere un interruttore e aspettarsi che tutto cambi immediatamente. È più come piantare un seme e nutrirlo con attenzione e cura costanti. E proprio come un seme ha bisogno di tempo per germogliare e crescere, così le tue intenzioni e desideri richiedono tempo per manifestarsi.

In conclusione, la Legge dell'Attrazione opera su meccanismi profondi sia a livello universale che personale. Capire come questi meccanismi si intersecano e influenzano la tua vita è la chiave per diventare un "creatore consapevole" della tua realtà, piuttosto che un semplice "osservatore". Nel prossimo punto, affronteremo alcuni degli errori comuni e dei miti che circondano la Legge dell'Attrazione, in modo da poterli evitare e applicare questa legge con maggiore efficacia.

Errori comuni e miti da sfatare

Ora che abbiamo esaminato le fondamenta della Legge dell'Attrazione e abbiamo compreso come funziona a livelli universali e personali, è fondamentale esplorare alcune delle incomprensioni e degli errori comuni che spesso ostacolano l'applicazione efficace di questa legge. La chiarezza su questi punti è essenziale per evitare trappole che potrebbero rallentare o addirittura invertire i tuoi progressi.

Uno degli errori più comuni è la credenza che la semplice "pensata positiva" sia sufficiente per manifestare i propri desideri. Come abbiamo visto precedentemente, la Legge dell'Attrazione richiede un allineamento completo tra pensieri, parole e azioni. Pensare positivamente ma agire in modo contraddittorio crea disallineamento e confusione energetica. Ad esempio, non basta desiderare una relazione amorevole; è necessario anche agire in modo amorevole e rispettoso verso gli altri e verso sé stessi.

Un altro mito diffuso è che la Legge dell'Attrazione è una sorta di "vendita al dettaglio cosmica", in cui basta "ordinare" ciò che si vuole all'Universo e attendere che venga consegnato. Questo punto di vista è non solo semplificato ma anche inesatto. Come abbiamo discusso nei punti precedenti, la Legge dell'Attrazione funziona su un principio di "simile attira simile". Ciò significa che non è sufficiente "chiedere" ciò che si vuole; bisogna anche "diventare" la versione di sé stessi che può effettivamente attrarre e gestire ciò che si desidera.

Inoltre, c'è un equivoco comune che la Legge dell'Attrazione sia esclusivamente focalizzata su materiale o guadagno personale. In realtà, come esploreremo più avanti nel libro, questa legge può essere applicata per arricchire ogni aspetto della vita, inclusa la crescita personale, le relazioni interpersonali e il contributo al bene collettivo.

Un altro errore che molte persone commettono è l'impazienza. La Legge dell'Attrazione è un processo, non un evento immediato. La manifestazione richiede tempo e perseveranza. È come coltivare un giardino: non puoi piantare un seme oggi e aspettarti un fiore in piena fioritura domani. Allo stesso modo, la manifestazione dei tuoi desideri richiede tempo, attenzione e cura.

Nel prossimo punto, parleremo dell'importanza di comprendere e applicare la Legge dell'Attrazione nell'era moderna, un tempo in cui le distrazioni sono numerose e la pressione per il successo immediato è alta. Questa comprensione sarà fondamentale per navigare efficacemente attraverso le sfide e le opportunità che la vita moderna presenta, utilizzando la Legge dell'Attrazione come una bussola affidabile verso una vita più piena e soddisfacente.

L'importanza di capire questa legge nell'era moderna

Avendo già esaminato le fondamenta, i principi e le sfide comuni associati alla Legge dell'Attrazione, ora è cruciale considerare perché questa legge sia particolarmente rilevante nell'era moderna. Viviamo in un'epoca di cambiamenti rapidi e spesso tumultuosi, in cui l'accesso a informazioni e opportunità è senza precedenti, ma anche in cui le distrazioni e gli ostacoli abbondano. Di conseguenza, comprendere la Legge dell'Attrazione diventa non solo un arricchimento personale, ma una necessità per navigare in questo mare complesso di circostanze in continua evoluzione.

Prima di tutto, la società odierna è saturata di stimoli esterni, dal bombardamento mediatico ai social media, che possono distoglierci facilmente dal nostro percorso e dalle nostre intenzioni. Qui, la Legge dell'Attrazione serve come un faro, aiutandoci a mantenere la nostra attenzione focalizzata su ciò che veramente conta per noi. Come abbiamo esplorato nel punto precedente, la manifestazione dei nostri desideri richiede tempo, attenzione e cura. In un mondo che premia spesso la gratificazione immediata a discapito della gratificazione a lungo termine, questa capacità di mantenere una visione a lungo raggio è inestimabile.

In secondo luogo, l'incertezza è diventata la norma piuttosto che l'eccezione in molti aspetti della vita moderna. Che si tratti di instabilità economica, cambiamenti politici o crisi ambientali, ci troviamo spesso ad affrontare situazioni che sono fuori dal nostro controllo diretto. La Legge dell'Attrazione ci fornisce gli strumenti per interiorizzare il nostro senso di agenzia, aiutandoci a capire che, sebbene non possiamo controllare ogni circostanza esterna, possiamo controllare le nostre reazioni, i nostri stati d'animo e, alla fine, le nostre realtà personali.

Infine, la Legge dell'Attrazione può servire come un contrappeso salutare alla mentalità competitiva che permea molti aspetti della cultura contemporanea. Invece di concentrarci su ciò che gli altri stanno facendo o ottenendo, possiamo utilizzare questa legge per rivolgere la nostra attenzione verso l'auto-miglioramento e la crescita personale.

In conclusione, mentre la Legge dell'Attrazione ha radici che risalgono a tempi antichi, la sua applicazione è incredibilmente rilevante per l'individuo moderno. Con gli strumenti e i principi che abbiamo esplorato in questo capitolo introduttivo, sei ora meglio equipaggiato per affrontare le specificità di come utilizzare questa legge a tuo vantaggio nei capitoli successivi.

Nel capitolo successivo, ci addentreremo nel fascinante mondo della scienza dietro la Legge dell'Attrazione, con un focus su come queste intuizioni scientifiche possono non solo validare ma anche migliorare la tua pratica di questa antica legge. Preparati a scoprire come la scienza moderna e l'antica saggezza possono convergere per offrirti un percorso chiaro e fondato verso la realizzazione dei tuoi sogni e aspirazioni.

CAPITOLO 2: LA SCIENZA DIETRO LA LEGGE DELL'ATTRAZIONE

Evidenze scientifiche e studi correlati

Entrando nel capitolo 2, è ora di passare dalle fondamenta teoriche e storiche alla scienza che sostiene la Legge dell'Attrazione. Questo non è solo un esercizio intellettuale, ma una fase cruciale per comprendere a pieno come questa legge possa essere applicata in modo efficace e responsabile. Molte persone sono scettiche riguardo alla Legge dell'Attrazione perché la considerano una sorta di "magia" senza basi scientifiche. Tuttavia, quando ci addentriamo nel mondo della psicologia, della neuroscienza e della fisica quantistica, scopriamo che esistono, in effetti, evidenze scientifiche che corroborano i principi di questa antica legge.

Iniziamo con la psicologia positiva, un campo di studio che ha guadagnato rilevanza negli ultimi decenni. Questa disciplina esamina come pensieri e comportamenti positivi possano influenzare il nostro benessere generale. Numerosi studi hanno dimostrato che un atteggiamento positivo può avere effetti benefici non solo sulla nostra salute mentale, ma anche su quella fisica. Questo allinea perfettamente con l'idea centrale della Legge dell'Attrazione, che suggerisce che i nostri pensieri hanno il potere di plasmare la nostra realtà.

Poi abbiamo la neuroscienza, che ci offre ulteriori spiegazioni su come funzionano i nostri cervelli quando pensiamo in modo positivo o negativo. Ad esempio, è stato dimostrato che la pratica della gratitudine può effettivamente cambiare la struttura del cervello, aumentando i livelli di neurotrasmettitori come la dopamina e il serotonin, che sono associati al benessere e alla felicità. Questo concetto di "neuroplasticità" è estremamente rilevante per la Legge dell'Attrazione.

Infine, anche se più controverso, il campo della fisica quantistica ha suggerito che la nostra percezione della realtà e le nostre aspettative possono effettivamente influenzare gli eventi a livello subatomico. Senza addentrarci troppo nei dettagli complicati, basta dire che questi studi aprono la possibilità che i nostri pensieri e le nostre emozioni possano avere un impatto molto più ampio di quanto si possa immaginare.

Comprendere che la Legge dell'Attrazione ha una base scientifica non solo rafforza la sua legittimità, ma ci offre anche strumenti più concreti e misurabili per la sua applicazione. Sapere che esiste una scienza dietro l'arte di manifestare i nostri desideri ci dà una sorta di "autorizzazione" per prenderla seriamente e incorporarla nella nostra vita quotidiana.

Nel punto successivo, andremo ancora più a fondo nella neuroplasticità e in come il nostro cervello possa essere "riprogrammato" per favorire pensieri e comportamenti che siano in allineamento con la Legge dell'Attrazione. Ciò ci permetterà di esplorare metodi pratici e fondati scientificamente per attuare questa legge nella nostra vita.

Neuroplasticità e pensiero positivo

Nel punto precedente, abbiamo esaminato come varie discipline scientifiche sostengano i principi della Legge dell'Attrazione. Una delle idee più promettenti proviene dal campo della neuroscienza, specificamente il concetto di neuroplasticità. Questa è la capacità del nostro cervello di cambiare e adattarsi, il che è di fondamentale importanza quando si tratta di manifestare i nostri desideri attraverso il pensiero positivo.

La neuroplasticità rompe il mito che siamo prigionieri dei nostri schemi di pensiero o del nostro passato. Mostra invece che abbiamo un potere significativo per cambiare il modo in cui pensiamo e percepiamo il mondo. Questo concetto è particolarmente rilevante per la Legge dell'Attrazione, che si basa sull'idea che i nostri pensieri e sentimenti hanno la capacità di influenzare la realtà che ci circonda.

Attraverso la pratica costante del pensiero positivo, siamo in grado di "riprogrammare" il nostro cervello. Esercizi come la meditazione, la visualizzazione e la gratitudine possono effettivamente modificare la struttura cerebrale, rinforzando le connessioni neurali che sono collegate a sentimenti di felicità, gratitudine e soddisfazione. Questi cambiamenti, a loro volta, possono avere un impatto potente e duraturo sulla nostra capacità di attrarre ciò che desideriamo nella nostra vita.

Quando il nostro cervello inizia a cambiar forma a seguito di queste pratiche, diventa più facile sintonizzarsi su frequenze energetiche positive. Pensare in termini di "frequenze energetiche" può sembrare astratto, ma in realtà è la traduzione scientifica di quello che la Legge dell'Attrazione ha sostenuto per secoli: "simile attira simile."

La neuroplasticità e il pensiero positivo, quindi, agiscono come un ponte verso la comprensione delle frequenze energetiche. Se il nostro cervello è configurato per esprimere gratitudine, ottimismo e gioia, allora emetteremo una "frequenza" che è in sintonia con queste emozioni. Questo ci prepara in modo ottimale per il prossimo segmento, dove esploreremo come queste frequenze energetiche influenzano la realtà che ci circonda.

In sintesi, la scienza della neuroplasticità ci offre non solo la prova che il pensiero positivo è più che un semplice "ottimismo superficiale," ma ci fornisce anche un meccanismo tangibile attraverso il quale questo pensiero positivo può influenzare le nostre vite e la realtà stessa. Equipaggiati con questa conoscenza, possiamo avvicinarci al prossimo punto con una comprensione solida e scientifica di come il nostro stato mentale può, effettivamente, attirare le circostanze che desideriamo.

Frequenze energetiche e loro impatto sulla realtà

Dopo aver compreso il potenziale della neuroplasticità e del pensiero positivo nel cambiare la struttura del nostro cervello, è tempo di esaminare come queste modifiche internamente possano avere ripercussioni esterne attraverso il concetto di frequenze energetiche. Questo segmento ci aiuterà a comprendere come questi stati mentali e emotivi influenzino effettivamente la realtà circostante, agendo come un preciso ponte verso il nostro prossimo punto di discussione, la connettività tra mente, corpo e universo.

Tutto nell'universo è energia e vibra a diverse frequenze, inclusi noi stessi. Quando allineiamo i nostri pensieri, emozioni e azioni, inviamo una sorta di "frequenza coerente" nell'universo. Questo è il fondamento scientifico dietro l'antica saggezza della Legge dell'Attrazione: l'energia simile attrae energia simile. Se stiamo emettendo una frequenza alta, piena di ottimismo e aspettative positive, siamo più inclini ad attrarre eventi e circostanze che corrispondono a quella frequenza.

La neuroplasticità ci mostra che possiamo "riprogrammare" i nostri cervelli per favorire stati mentali e emotivi che emettono frequenze energetiche positive. Quando ci impegniamo in pratiche come la meditazione o esercizi di gratitudine, non solo modifichiamo le connessioni neurali nel nostro cervello, ma cambiamo anche le frequenze energetiche che emaniamo.

Questo ci prepara in modo ottimale per il prossimo argomento. Se consideriamo la nostra mente come un trasmettitore di queste frequenze energetiche e il nostro corpo come il veicolo attraverso il quale queste frequenze vengono manifestate, allora diventa fondamentale comprendere come queste due entità sono collegate all'universo più ampio in cui viviamo. Ecco perché è tanto importante essere consapevoli delle frequenze che emettiamo: esse non solo influenzano la nostra realtà personale ma si connettono anche a una rete energetica molto più grande, che a sua volta influisce su tutto ciò che ci circonda.

Nel punto successivo, entreremo nei dettagli di questa connettività globale. Discuteremo come la mente e il corpo non siano entità isolate ma parte di un tessuto universale più ampio. Esploreremo come questo senso di connettività universale possa essere utilizzato per potenziare la nostra capacità di manifestare i desideri e migliorare la qualità della nostra vita. Questa sarà una conversazione profonda che ci spingerà ad allargare il nostro orizzonte di comprensione su come funziona realmente la Legge dell'Attrazione.

Connettività tra mente, corpo e universo

Avendo esplorato come la neuroplasticità e le frequenze energetiche influenzino la nostra realtà individuale, è tempo di spostare il nostro sguardo su un concetto ancor più ampio: la connettività tra la mente, il corpo e l'universo. Questa sezione funge da connessione naturale con il nostro prossimo punto di discussione, "Le emozioni come catalizzatori," permettendo di vedere come ogni componente del nostro essere è un elemento cruciale in una rete energetica più grande che include l'universo stesso.

Non possiamo considerare la mente e il corpo come elementi separati o isolati. Sono parte di un sistema integrato e interconnesso che va ben oltre il nostro essere fisico. Le frequenze energetiche che emaniamo sono come onde che si propagano nell'oceano dell'universo, influenzando e interagendo con altre frequenze e campi energetici. In altre parole, ogni pensiero, emozione o azione non è soltanto un fenomeno locale ma ha implicazioni cosmiche.

La ricerca nel campo della fisica quantistica e della teoria dei campi comincia a sostenere questa visione olistica, suggerendo che tutto nell'universo è in qualche modo interconnesso. Se accettiamo questa prospettiva, allora diventa chiaro che le nostre emozioni non sono solo stati interiori; sono, in effetti, catalizzatori potenti che possono influenzare il campo energetico sia interno che esterno.

Se la mente e il corpo sono veicoli per la trasmissione delle frequenze energetiche, allora le emozioni agiscono come catalizzatori che possono amplificare questi segnali. In altre parole, le emozioni hanno il potere di intensificare le frequenze energetiche che emettiamo, rendendo la Legge dell'Attrazione ancora più efficace o, se mal gestite, potenzialmente distruttive.

Per questo motivo, nel prossimo argomento esamineremo come gestire e canalizzare le emozioni in modo da lavorare a nostro favore nel contesto della Legge dell'Attrazione. Impareremo come le emozioni possono essere utilizzate per intensificare la nostra capacità di attrarre ciò che desideriamo, mentre manteniamo una consapevolezza etica e responsabile del nostro impatto sull'energia collettiva dell'universo.

In conclusione, comprendere la connettività tra mente, corpo e universo non solo approfondisce la nostra comprensione della Legge dell'Attrazione, ma ci prepara anche a utilizzare le nostre emozioni come potenti strumenti nella pratica di questa legge.

Le emozioni come catalizzatori

Dopo aver analizzato l'importanza della connettività tra mente, corpo e universo, è ora di esplorare un elemento che funge da catalizzatore nel processo della Legge dell'Attrazione: le emozioni.

Questo segmento non solo conclude il nostro viaggio attraverso i fondamenti teorici, ma crea anche un ponte verso il capitolo 3.

Le emozioni sono potenti generatori di energia che possiedono la capacità di amplificare le frequenze energetiche che emaniamo. Questo implica che le emozioni non sono meri fenomeni psicologici; esse hanno un ruolo attivo e dinamico nel determinare la qualità e l'intensità dell'energia che inviamo nell'universo. Sentimenti come l'amore, la gratitudine o l'entusiasmo possono effettivamente accelerare il processo di manifestazione, allineando le tue vibrazioni con quelle dei tuoi desideri.

Essere consapevoli delle proprie emozioni è il primo passo per utilizzarle come strumenti efficaci nella Legge dell'Attrazione. Una volta identificate, queste emozioni possono essere direzionate in modo tale da allineare i tuoi pensieri, parole e azioni, che è precisamente il tema del nostro prossimo capitolo. Ad esempio, se stai lavorando per manifestare successo nel tuo campo professionale, emozioni come la fiducia in sé stessi o l'ottimismo possono servire come catalizzatori che allineano i tuoi pensieri verso l'obiettivo, ispirano parole di autoaffermazione e incoraggiano azioni produttive.

In questo contesto, le emozioni diventano più che semplici stati interiori; esse diventano strumenti strategici che possono essere impiegati per promuovere coerenza e allineamento tra pensieri, parole e azioni. Questo allineamento è fondamentale per una pratica efficace e responsabile della Legge dell'Attrazione.

Quindi, mentre concludiamo questo capitolo e ci prepariamo a entrare nel pratico mondo di come allineare efficacemente pensieri, parole e azioni per migliorare la nostra pratica della Legge dell'Attrazione, ricordiamoci del potente ruolo che le emozioni svolgono in questo processo. Le emozioni non sono solo indicatrici del nostro stato interiore, ma sono anche ponti energetici che collegano il nostro mondo interno con le infinite possibilità dell'universo.

Con questa consapevolezza, siamo pronti per avanzare nel capitolo successivo, dove esploreremo le tecniche e le strategie per allineare i nostri pensieri, parole e azioni in modo tale da utilizzare la Legge dell'Attrazione nella sua forma più potente ed efficace.

CAPITOLO 3: PENSIERI, PAROLE E AZIONI ALLINEATE

La forza dei pensieri e l'importanza dell'intenzione

Avendo analizzato nel capitolo precedente il ruolo fondamentale delle emozioni come catalizzatori nel processo della Legge dell'Attrazione, è ora di passare alla prima pietra miliare di questo capitolo: "La forza dei pensieri e l'importanza dell'intenzione." Questa sezione agisce come l'apertura ideale per il resto del capitolo, mettendo le basi per un ulteriore allineamento dei pensieri, parole e azioni, argomenti che tratteremo più avanti.

I pensieri sono il punto di partenza di qualsiasi processo di manifestazione. Sono come semi piantati nel terreno fertile della nostra coscienza, pronti a crescere e fiorire. Tuttavia, la mera presenza di un pensiero non è sufficiente; è l'intenzione che sta dietro quel pensiero che determina la direzione e la vitalità della sua crescita. L'intenzione è il "nutrimento" che alimenta il seme del pensiero, guidandolo attraverso vari stadi di sviluppo fino alla manifestazione finale.

Una volta che un pensiero è sostenuto da un'intenzione chiara, esso può poi essere espresso e amplificato attraverso le parole, che è esattamente il tema del nostro prossimo punto. Le parole rappresentano la manifestazione fisica dei nostri pensieri interni e delle intenzioni che li alimentano. Sono il mezzo attraverso il quale portiamo i nostri pensieri fuori dal regno interno dell'intenzione e nel mondo esterno, dove possono interagire con le forze dell'universo.

In altre parole, se i pensieri e le intenzioni sono il fondamento e il quadro della casa che stiamo costruendo, le parole sono i mattoni e il cemento che danno forma a quella struttura. Per questo motivo, il prossimo punto si concentrerà su come utilizzare le parole in maniera consapevole e intenzionale per migliorare la nostra pratica della Legge dell'Attrazione. Esploreremo come le parole possono agire sia come veicoli che come amplificatori dei nostri pensieri e intenzioni, e come possiamo utilizzarle per creare un flusso energetico più diretto e focalizzato verso la manifestazione dei nostri desideri.

Per riassumere, i pensieri e le intenzioni agiscono come il nucleo centrale da cui scaturiscono tutte le altre manifestazioni. Questa consapevolezza e questo allineamento sono fondamentali se vogliamo utilizzare le parole come potenti strumenti di manifestazione. Con questo fondamento, siamo ora pronti a passare alla fase successiva del nostro viaggio verso la padronanza della Legge dell'Attrazione.

Le parole come strumenti di manifestazione

Dopo aver posto una forte enfasi sulla potenza dei pensieri e sull'essenzialità delle intenzioni, ci spostiamo ora verso l'importanza delle parole come veicoli per dare forma e sostanza a queste intenzioni. Questo tema è il ponte ideale per il nostro prossimo argomento: "Trasformare intenzioni in azioni concrete".

Le parole servono come il mezzo attraverso cui i nostri pensieri e intenzioni prendono forma e si manifestano nel mondo esterno. Quando articoliamo qualcosa, stiamo essenzialmente dando un'impronta fisica a un concetto astratto, fornendo un canale attraverso il quale le intenzioni possono fluire verso la manifestazione. Ogni parola pronunciata o scritta è come un passo avanti nel percorso dalla concezione mentale alla realtà tangibile.

Ecco perché la scelta delle parole è così cruciale. Parole positive, espresse con intenzione chiara, possono agire come acceleratori nel processo di manifestazione, mentre parole negative o ambigue possono agire come ostacoli. Per utilizzare un'analogia, se i pensieri e le intenzioni sono il motore di un'auto, le parole sono il volante che determina la direzione.

Se abbiamo utilizzato i nostri pensieri per definire un obiettivo e le nostre parole per darle forma e direzione, l'azione è il passo finale che trasforma tutto ciò in una realtà palpabile. Senza questo passaggio cruciale, i pensieri e le parole rimangono nel dominio delle possibilità, ma non diventano parte della nostra realtà vissuta.

In altre parole, le azioni sono la manifestazione finale di un processo che inizia con i pensieri e passa attraverso il filtro delle parole. Ogni azione che intraprendiamo è un'incarnazione fisica delle intenzioni che abbiamo formulato e delle parole che abbiamo utilizzato per esprimerle. Pertanto, nel prossimo punto, esamineremo come assicurare che le nostre azioni siano veramente allineate con le intenzioni e le parole precedenti, completando così il ciclo di manifestazione.

In sintesi, le parole agiscono come strumenti fondamentali nel processo di manifestazione, servendo da collegamento vitale tra il mondo interno dei pensieri e intenzioni e l'azione esterna che porteremo avanti nel prossimo punto. Saper utilizzare le parole in modo efficace ci permette di preparare il terreno per azioni che sono in perfetto allineamento con i nostri desideri e obiettivi.

Trasformare intenzioni in azioni concrete

Avendo esplorato la potenza dei pensieri e il potere catalizzante delle parole, giungiamo ora all'elemento che trasforma tutto in realtà: l'azione. In questo punto, approfondiremo il processo di conversione delle intenzioni in azioni concrete.

L'azione è l'ultima tappa nel viaggio della manifestazione. Se i pensieri sono il seme e le parole l'acqua che lo nutre, le azioni sono la luce del sole che permette al seme di crescere e fiorire. Ma come si può passare da un'intenzione ben formulata a un'azione concreta e significativa? La risposta giace in una pianificazione attenta, un impegno coerente e un'attenta sincronicità con le intenzioni e le parole precedenti.

La pianificazione è il primo passo verso l'azione. Prendi le tue intenzioni e suddividile in passi più piccoli e realistici. Questo ti dà una roadmap da seguire, eliminando l'incertezza e creando un senso di direzione. L'impegno è il secondo passo. Una volta che hai un piano, devi dedicare energia e tempo per eseguirlo. Senza un impegno costante, anche il miglior piano rimane solo un pezzo di carta.

La sincronicità è il terzo ingrediente chiave. Le tue azioni devono essere allineate con i tuoi pensieri e le tue parole. Questa è la vera magia della Legge dell'Attrazione: quando tutto è in armonia, la manifestazione diventa non solo possibile ma probabile.

Questo concetto di armonia e allineamento è il perfetto preludio al nostro prossimo punto. Ci concentreremo su come mantenere un flusso costante e armonioso tra questi tre elementi. Analizzeremo come la coerenza non è solo desiderabile ma essenziale per un'applicazione efficace della Legge dell'Attrazione. Una delle sfide più grandi nella pratica di questa legge è mantenere un allineamento coerente tra ciò che pensiamo, diciamo e facciamo.

In sintesi, le azioni sono il fattore determinante che concretizza il potenziale intrinseco nei nostri pensieri e parole. Attraverso la pianificazione, l'impegno e la sincronicità, possiamo assicurare che le nostre azioni siano efficaci e in allineamento con i nostri obiettivi più grandi. Questo allineamento è la chiave per attivare il ciclo completo di manifestazione.

La coerenza tra pensieri, parole e azioni

È ora di parlare dell'elemento che lega tutto insieme: la coerenza. Questo tema si collegherà in maniera fluida e precisa con l'argomento successivo, che esaminerà come mantenere questa coerenza nel tempo attraverso azioni concrete e costanti.

La coerenza è più che una semplice allineamento tra i vari elementi del processo di manifestazione; è il carburante che permette a questa macchina di avanzare efficacemente. Senza coerenza, rischiamo di inviare segnali contrastanti all'Universo, che a sua volta non sa quale direzione prendere. In un certo senso, la coerenza è l'armonia energetica che mantiene uniti pensieri, parole e azioni.

Garantire questa coerenza richiede un certo grado di consapevolezza, autenticità e, soprattutto, disciplina. La disciplina è, infatti, la chiave per mantenere questa coerenza nel tempo. Senza una pratica disciplinata, è facile allontanarsi dal percorso e permettere a incongruenze di insinuarsi, creando disarmonia nel processo di manifestazione.

Mentre la coerenza può essere stabilita come un obiettivo, è la disciplina che ci permette di mantenerla. La disciplina diventa, in questo contesto, una sorta di custode, garantendo che la coerenza sia mantenuta anche quando siamo tentati di deviare. Questo concetto di disciplina come elemento di sostegno alla coerenza sarà al centro del nostro prossimo punto.

In breve, la coerenza è il collante che unisce i vari elementi della Legge dell'Attrazione. Senza di essa, i nostri sforzi rischiano di diventare frammentati e inefficaci. È l'allineamento coerente dei nostri pensieri, parole e azioni che genera un campo energetico armonioso, capace di attirare ciò che desideriamo nella nostra vita. E per mantenere questa coerenza, la disciplina è fondamentale. Nei capitoli successivi, esploreremo come incorporare questa disciplina nella nostra pratica quotidiana per garantire un percorso senza ostacoli verso la realizzazione dei nostri sogni e desideri.

La disciplina nella pratica quotidiana

Abbiamo esplorato fino ad ora l'importanza della coerenza come fondamento del ciclo di manifestazione, ma ora approfondiremo un elemento che sostiene la coerenza nel tempo: la disciplina. Questa sezione segnerà una transizione naturale verso il capitolo 4, esaminando come la disciplina quotidiana sia il tessuto connettivo che trasforma la visione in realtà tangibile.

La disciplina non è solo una serie di abitudini o rituali; è un impegno costante e una dedizione ai tuoi obiettivi e alla tua crescita personale. Senza questa colonna portante, anche i pensieri più luminosi e le parole più ispirate rischiano di evaporare nell'aria, privi della sostanza che li rende reali.

Incorporare la disciplina nella tua vita quotidiana può iniziare in modi semplici ma efficaci. Si può trattare di allocare quotidianamente tempo per la meditazione, la visualizzazione o l'esercizio fisico. La chiave è iniziare con azioni gestibili che diventano parte integrante della tua routine, fornendo una base solida su cui costruire.

Ecco dove la responsabilizzazione e la flessibilità entrano in gioco. Mantenere un registro o un diario delle tue attività ti aiuta a misurare i tuoi progressi e a ricalibrare le tue azioni di conseguenza. Essere flessibili nelle tue abitudini quotidiane ti permette di adattarti alle sfide e ai cambiamenti inevitabili della vita, assicurando che la tua disciplina sia resiliente e sostenibile.

Questo approccio disciplinato e flessibile alla vita quotidiana diventa il terreno fertile su cui i sogni possono crescere e prosperare. La disciplina non è solo un concetto astratto; è l'azione concreta che ti avvicina giorno dopo giorno alla realizzazione dei tuoi sogni. In questo contesto, la disciplina si manifesta come un insieme di azioni allineate e coerenti che ti portano sempre più vicino ai tuoi obiettivi. In sintesi, la disciplina è l'elemento che dà corpo e forma alla tua visione, trasformando l'energia potenziale dei tuoi pensieri e parole in realtà tangibile. Come transizione al prossimo capitolo, considereremo come la disciplina agisce come il mezzo attraverso cui i sogni, una volta solo visioni o aspirazioni, diventano risultati concreti e realizzabili. Attraverso l'impegno disciplinato e costante, possiamo letteralmente passare dalla visione alla realtà.

CAPITOLO 4: REALIZZAZIONE DEI SOGNI: DALLA VISIONE ALLA REALTÀ

L'arte della visualizzazione

Ora è il momento di esaminare un potente strumento che può agire come un acceleratore nel processo di manifestazione: l'arte della visualizzazione. Questo argomento crea un collegamento naturale e fluido con il prossimo punto, "Creazione di una "vision board", in quanto entrambi si focalizzano sull'uso di immagini e visioni per portare i tuoi sogni dalla fase di concezione alla realizzazione.

La visualizzazione non è un mero esercizio di fantasia, ma un'azione intenzionale che utilizza la potenza del cervello per generare immagini mentali dettagliate dei tuoi obiettivi e sogni. Queste immagini servono come punti focali, canali attraverso i quali le tue energie mentali ed emotive possono fluire. Quando queste immagini mentali sono abbastanza vivide e accompagnate da emozioni positive, possono effettivamente iniziare a modificare la tua realtà.

Il segreto della visualizzazione efficace risiede nel dettaglio e nell'emozione. Più dettagliata è l'immagine mentale, più emozioni positive puoi associarle, più potente diventa la visualizzazione. Questa pratica non solo innesca processi cognitivi ma anche emotivi, intensificando la forza della tua intenzione e rendendo le immagini più 'reali' per la tua mente.

Ma come rendere questa pratica una parte solida della tua routine quotidiana? Qui torna in gioco la disciplina, che ti spinge a dedicare tempo ogni giorno a questa pratica. Anche solo pochi minuti al giorno possono fare una grande differenza se eseguiti con costanza e attenzione.

Se la visualizzazione è un processo che si svolge nella mente, la vision board è una rappresentazione fisica di quegli stessi ideali e aspirazioni. È come portare le tue visualizzazioni fuori dalla mente e darle una forma tangibile nel mondo reale.

L'arte della visualizzazione è un'abilità fondamentale per chiunque voglia utilizzare con successo la Legge dell'Attrazione. Offre un modo per chiarire i tuoi obiettivi, concentrare le tue energie e, in definitiva, preparare il terreno per tecniche più tangibili di manifestazione, come la creazione di una vision board. L'uso congiunto di queste due tecniche potenzia le tue possibilità di realizzare i tuoi sogni in una realtà concreta.

Creazione di una "Vision Board"
Dopo aver compreso la potenza della visualizzazione, un processo principalmente interiore, è il momento di esplorare come possiamo esternalizzare queste visioni mentali attraverso la creazione di una "Vision Board". Questa tattica tangibile non solo serve come un

potente promemoria dei tuoi obiettivi e desideri ma funge anche da perfetto preludio al prossimo punto.

Una "Vision Board" è una raccolta fisica di immagini, parole e altri elementi visivi che rappresentano ciò che desideri manifestare nella tua vita. Questo strumento visivo agisce come un catalizzatore costante per la tua intenzione, offrendo una sorta di 'punto di ancoraggio' nel mondo reale per le tue aspirazioni.

La forza di una "Vision Board" sta nella sua capacità di essere sempre presente nella tua vita quotidiana. A differenza delle visualizzazioni, che richiedono un momento dedicato per concentrarsi, una "Vision Board" offre una stimolazione continua e accessibile. Ogni volta che la guardi, viene innescato un ciclo di riaffermazione dell'intenzione e di focalizzazione che alimenta la tua motivazione.

Costruire e mantenere una "Vision Board" è anche un esercizio di disciplina. Ti costringe a chiarire e a priorizzare i tuoi obiettivi, a dedicare tempo alla sua creazione e alla sua consultazione quotidiana. È questa disciplina, combinata con la potenza visiva del board, che crea un forte impulso motivazionale.

Ma come manteniamo questo impulso nel tempo? È qui che ci colleghiamo al punto successivo. Una "Vision Board" può fornire un'iniezione iniziale di entusiasmo e di focalizzazione, ma per avere un impatto duraturo, abbiamo bisogno di strategie che ci aiutino a mantenere alta la motivazione nel tempo. Che si tratti di abitudini quotidiane, riaffermazioni o tecniche di gestione dello stress, mantenere la motivazione è fondamentale per attuare qualsiasi piano o realizzare qualsiasi visione.

In sintesi, la "Vision Board" è un potente strumento di manifestazione che agisce in sinergia con le visualizzazioni mentali, creando un ponte tra il mondo interiore dell'intenzione e l'azione esteriore. Utilizzando la "Vision Board" come un mezzo per enfatizzare e riaffermare i tuoi obiettivi, prepari il terreno per le strategie più avanzate di mantenimento della motivazione. Attraverso queste tecniche integrate, fornisci a te stesso un quadro completo e multidimensionale per la realizzazione efficace dei tuoi sogni.

Strategie per mantenere la motivazione

L'importanza della motivazione nel processo di manifestazione è indiscutibile, soprattutto dopo aver impostato una "Vision Board" che serve come promemoria quotidiano dei tuoi obiettivi. Ma come mantenere questa spinta iniziale quando la strada diventa difficile? In questo segmento, analizzeremo strategie essenziali per mantenere alta la motivazione, un tema che collega in modo diretto e fluido al nostro prossimo argomento.

Per evitare che l'energia iniziale svanisca, una delle strategie più efficaci è la frammentazione degli obiettivi in piccole, gestibili fasi. Ogni piccolo successo può agire come un potenziatore di motivazione, preparandoti a superare eventuali sfide che potrebbero presentarsi lungo il percorso.

Le affermazioni positive e le routine di gestione dello stress, come la meditazione o l'esercizio fisico, possono servire come scudi psicologici contro gli ostacoli emotivi e mentali. Queste strategie aiutano a mantenere il tuo focus e la tua determinazione, elementi che saranno particolarmente utili quando dovrai affrontare le inevitabili difficoltà e sfide.

Un ulteriore strato di sostegno può provenire da una rete sociale che condivide o almeno supporta i tuoi obiettivi. Questo sistema di supporto diventa particolarmente prezioso quando incontri ostacoli, fornendo un ulteriore livello di resilienza e di incoraggiamento.

Perché, non importa quanto sia forte la tua motivazione o quanto dettagliato sia il tuo piano, incontrerai inevitabilmente degli ostacoli. La chiave del successo non è evitarli, ma imparare come affrontarli e superarli. Grazie alle strategie di mantenimento della motivazione che abbiamo discusso, sarai meglio equipaggiato per gestire qualsiasi sfida che la vita ti metta davanti, e adottare le giuste strategie per superarla.

In breve, mantenere la motivazione è un elemento essenziale per attuare con successo la Legge dell'Attrazione. Fornisce il carburante necessario per intraprendere l'azione quotidiana e ci prepara mentalmente e emotivamente a superare le sfide che inevitabilmente ci troveremo ad affrontare nel nostro percorso verso la realizzazione dei sogni. Nel prossimo punto, esamineremo come affrontare e superare queste sfide, per assicurare che i momenti difficili diventino opportunità di crescita invece di insormontabili barriere.

Gestione delle sfide e degli ostacoli

Mantenere la motivazione è essenziale, ma è altrettanto vitale saper gestire le sfide e gli ostacoli che sicuramente emergeranno lungo il tuo percorso. In questa sezione, ti forniremo strumenti e strategie per navigare attraverso queste difficoltà.

La percezione di un ostacolo come un'opportunità piuttosto che come una barriera può fare una notevole differenza. Ogni sfida affrontata con successo è un piccolo trionfo che contribuisce alla tua fiducia e autostima. E in ogni trionfo, non importa quanto piccolo, c'è motivo di celebrazione.

Le strategie come il problem-solving metodico e la tecnica del "peggior scenario possibile" non solo ti equipaggiano per affrontare gli ostacoli ma ti preparano anche per apprezzare il contrasto tra dove ti trovavi e dove sei arrivato. Ogni ostacolo superato rappresenta un "piccolo successo" che merita di essere celebrato, sia come conferma del tuo progresso che come incentivo per continuare nel tuo percorso.

Il supporto sociale agisce come un doppio strumento: non solo ti aiuta ad affrontare gli ostacoli, ma fornisce anche una comunità con cui condividere e celebrare i tuoi successi, per piccoli che siano. Questo concetto di celebrare le vittorie sarà il fulcro del nostro prossimo argomento.

Nell'affrontare gli ostacoli, è importante anche riconoscere che ogni sfida superata contribuisce al tuo sviluppo personale. Questa crescita, a sua volta, diventa un altro "piccolo successo" che merita di essere celebrato e riconosciuto. Questa idea fa da ponte al nostro prossimo punto, dove discuteremo l'importanza di riconoscere e onorare ogni passo fatto nella direzione giusta.

Insomma, gli ostacoli non sono barriere insormontabili ma piuttosto indicatori del percorso di crescita che stai percorrendo. Superare ogni sfida è un atto di conferma che stai avanzando verso i tuoi obiettivi, e ogni avanzamento, per quanto minimo, è un motivo per celebrare. Ecco perché il passo successivo in questo viaggio è prendere un momento per riconoscere e celebrare questi momenti di crescita e realizzazione.

Celebrare i piccoli successi

Dopo aver navigato attraverso la gestione degli ostacoli, è ora di esaminare un aspetto che a volte viene trascurato ma è fondamentale per la tua crescita e il benessere emotivo: la celebrazione dei piccoli successi.

Il riconoscimento e la celebrazione dei piccoli successi sono attività che possono sembrare auto-centrate, ma in realtà, hanno un impatto significativo sul modo in cui interagisci con gli altri e sulle relazioni che costruisci. Quando celebri i tuoi successi, non solo rafforzi la tua autoefficacia e autostima, ma diventi anche una fonte di energia positiva che può essere irradiata verso gli altri.

Questo atto di celebrazione va ben oltre il semplice autoelogio. Esso permette un momento di riflessione e di gratitudine che può risonare non solo con te stesso ma anche con le persone intorno a te. Il tuo senso di realizzazione e gratitudine inevitabilmente influenzerà le tue relazioni, rendendoti un partner, un amico e un familiare più comprensivo e amorevole.

Inoltre, la celebrazione dei successi serve come un utile momento di ricalibrazione. Offre l'opportunità di fermarsi e valutare se le tue azioni e obiettivi sono allineati con i tuoi desideri più profondi, che spesso includono la qualità e la profondità delle tue relazioni interpersonali. Questa autoriflessione ti prepara splendidamente per il prossimo capitolo, che approfondirà come applicare la Legge dell'Attrazione nel contesto delle relazioni amorose e sociali.

In breve, celebrare i piccoli successi non è solo una tappa fondamentale nel tuo percorso individuale di manifestazione e realizzazione; è anche un prerequisito per formare relazioni sane e amorevoli. Dando valore ai tuoi progressi, ti posizioni in uno stato mentale e emotivo che è favorevole all'accettazione e all'amore, temi che saranno al centro del nostro prossimo capitolo. Quindi, mentre riflettiamo sui successi che abbiamo raggiunto, prepariamoci a esplorare come questa energia positiva può essere canalizzata per arricchire le nostre relazioni, portandoci in una nuova dimensione di amore e connessione attraverso la Legge dell'Attrazione.

CAPITOLO 5: AMORE E RELAZIONI ATTRAVERSO LA LEGGE DELL'ATTRAZIONE

Attrarre l'amore desiderato

Benvenuti in questo nuovo capitolo, dove il focus sarà sul cuore delle relazioni umane. Dopo aver appreso l'importanza di celebrare i piccoli successi nella vita, è tempo di applicare questo approccio al campo delle relazioni amorose. Iniziamo esplorando il delicato tema di "Attrarre l'amore desiderato", una fondamentale introduzione che ci guiderà naturalmente al punto successivo.

Per iniziare, è vitale comprendere che la Legge dell'Attrazione può essere un incredibile alleato nel tuo viaggio verso la scoperta dell'amore. Questo principio universale non solo può aiutarti a manifestare beni materiali e opportunità professionali, ma ha anche il potere di portare il tipo di amore e il tipo di partner che realmente desideri nella tua vita.

Tutto inizia con la chiarezza dei tuoi desideri e delle tue intenzioni. Avendo un quadro preciso di ciò che cerchi in una relazione, puoi sintonizzare la tua energia e i tuoi pensieri in modo da allinearti con queste aspirazioni. Questo allineamento è la chiave per manifestare qualsiasi cosa tu desideri, incluso l'amore.

Ovviamente, attrarre l'amore è solo il primo passo. Una volta che hai trovato una relazione che sembra allinearsi con i tuoi desideri, il lavoro successivo è rinforzare e approfondire questo legame.

Dunque, mentre applichiamo le leggi dell'Attrazione per manifestare l'amore che desideriamo, è fondamentale anche essere preparati a nutrire e consolidare le relazioni una volta che le abbiamo formate. Questa è una transizione naturale e logica che ci condurrà al nostro prossimo tema, ovvero come rinforzare le relazioni esistenti. Avere un'amorevole relazione è fantastico, ma mantenerla e farla crescere è dove spesso si trova la vera magia e la vera sfida.

In sintesi, attrarre l'amore desiderato è solo l'inizio di un viaggio più ampio. Una volta attirato l'amore, la prossima sfida è come mantenerlo, rafforzarlo e farlo fiorire nel tempo. È questa la prossima tappa di questo emozionante viaggio, e ci addentreremo in essa nel prossimo segmento.

Rinforzare le relazioni esistenti

Dopo aver esplorato le tecniche per attrarre l'amore che desideriamo, è fondamentale rivolgere la nostra attenzione al rinforzo e alla nutrizione delle relazioni già presenti nella nostra vita.

Applicare la Legge dell'Attrazione per mantenere e rinforzare le relazioni esistenti è un impegno continuo che richiede gratitudine, tempo di qualità e intimità emotiva. Ognuna di queste componenti agisce come un pilastro che supporta e nutre l'affetto, la comprensione e l'amore reciproco.

Tuttavia, mentre ci sforziamo di rendere le nostre relazioni più forti e più soddisfacenti, è altrettanto cruciale riconoscere quando una relazione non serve più il nostro bene superiore. In effetti, la capacità di distinguere tra relazioni che sono benefiche per noi e quelle che sono tossiche è un elemento essenziale della crescita personale e dell'autocomprensione.

Quindi, mentre impieghiamo varie tattiche e strategie per rinforzare le relazioni che valorizziamo, dobbiamo anche essere preparati a fare il passo difficile, ma a volte necessario, di distanziarci o addirittura di porre fine a relazioni che si rivelano tossiche. La verità è che non tutte le relazioni possono o dovrebbero essere salvate. Alcune, in effetti, possono ostacolare gravemente la nostra crescita personale e il nostro benessere emotivo.

Ecco perché il nostro prossimo punto è fondamentale. Liberarsi dalle relazioni tossiche non è solo una questione di autoconservazione; è anche un atto di autoamore e un esempio concreto di come la Legge dell'Attrazione può aiutare a curare e migliorare non solo le relazioni che abbiamo ma anche la relazione che abbiamo con noi stessi. Prepariamoci quindi a esplorare questo tema complesso ma vitale.

Liberarsi dalle relazioni tossiche

Dopo aver discusso di come potenziare e nutrire relazioni sane e significative, è ora di affrontare un aspetto della vita sentimentale che molti preferirebbero evitare: le relazioni tossiche.

La Legge dell'Attrazione può essere uno strumento fondamentale per individuare e allontanarci da relazioni che non ci fanno bene. Riconoscere i segnali, valutare la propria posizione nella dinamica e agire in modo concreto per liberarsi da legami tossici sono passaggi fondamentali. È in questi momenti che il valore dell'amore proprio diventa acutamente evidente.

Nell'affrontare e nel disimpegnarsi da relazioni tossiche, scopriamo spesso che la mancanza di amore proprio è sia una causa che un effetto di tali legami malsani. L'autovalutazione e l'azione diventano, in questo contesto, non solo un mezzo per liberarci da relazioni dannose ma anche un percorso verso una maggiore autostima e autocomprensione.

E qui sta la bellezza dell'applicazione della Legge dell'Attrazione in questo delicato contesto: una volta che abbiamo imparato a riconoscere e a distaccarci da relazioni che non ci servono più, siamo meglio posizionati per coltivare un amore più profondo e più autentico per noi stessi. In altre parole, liberarsi da relazioni tossiche può servire come catalizzatore per una nuova fase di crescita personale e auto-accettazione.

Questa realizzazione ci prepara al tema del nostro prossimo punto. Avendo preso il difficile, ma spesso necessario, passo di distanziarsi da relazioni tossiche, ora possiamo dedicare tempo ed energia a coltivare una delle relazioni più importanti di tutte: quella con noi stessi. Andiamo quindi a esplorare questo cruciale concetto nel punto successivo, riconoscendo che l'amore proprio è la base su cui costruire qualsiasi forma di amore e relazione positiva.

L'importanza dell'amore proprio

Dopo aver navigato attraverso il difficile territorio delle relazioni tossiche, emerge la necessità imperante di coltivare l'amore proprio.

Quando parliamo di Legge dell'Attrazione, è impossibile sottovalutare l'importanza dell'amore proprio. Questa forma di amore non è né egoistica né superficiale, ma una pietra angolare per un'esistenza equilibrata e felice. Se non partiamo da una base di autostima e amore per noi stessi, qualsiasi altro tipo di amore o relazione sarà inevitabilmente instabile.

L'amore proprio è, in effetti, la lente attraverso la quale vediamo il mondo e interagiamo con gli altri. Se questa lente è pulita e chiara, è molto più probabile che possiamo stabilire connessioni profonde e significative con le persone che incontriamo nella nostra vita.

Praticare l'amore proprio si riflette non solo nel modo in cui ci vediamo ma anche nel modo in cui vediamo gli altri. Ci permette di entrare in relazioni con un senso di completezza, piuttosto che di carenza, rendendo ogni interazione più autentica e arricchente. Questo diventa particolarmente importante quando cercano di stabilire connessioni profonde.

Ecco quindi il legame intrinseco tra l'amore proprio e la capacità di connettersi con gli altri a un livello più profondo. Quando ti ami profondamente, comprendi meglio le tue emozioni, i tuoi desideri e i tuoi limiti, e questo ti rende più capace di comprendere, apprezzare e amare le persone che ti circondano.

Siamo ora pronti per approfondire come un forte senso di amore proprio possa effettivamente migliorare la qualità delle nostre interazioni e relazioni. Questa comprensione ci avvia direttamente al tema del nostro prossimo segmento, che esaminerà come e perché un solido fondamento di amore proprio può aiutarti a connettersi con gli altri a un livello più profondo.

Connettersi con gli altri a un livello più profondo

Avendo esplorato la vitalità dell'amore proprio, è il momento ideale per investigare come tale amore e rispetto per noi stessi possano migliorare non solo le relazioni personali, ma anche professionali. Questa consapevolezza ci offre un seguito logico e stimolante per il prossimo capitolo.

Nella Legge dell'Attrazione, il principio di "simile attira simile" è universale, influenzando tanto le nostre relazioni quanto le nostre carriere. Quando portiamo amore e rispetto in ogni interazione, attiriamo inevitabilmente situazioni e individui che riflettono quella stessa energia. Questo può avere un impatto profondamente positivo sia nella vita personale che professionale.

A livello personale, connettersi a un livello più profondo va ben oltre i semplici scambi di cortesia o le discussioni superficiali. Coinvolge empatia, ascolto attivo e una vera vulnerabilità. Quando applichiamo queste qualità nel contesto professionale, possiamo aspettarci risultati sorprendentemente positivi, come vedremo nel prossimo capitolo.

Un collegamento genuino non solo migliora le relazioni personali, ma crea anche un ambiente di lavoro più collaborativo e una rete professionale più solida. È interessante notare che le abilità necessarie per instaurare relazioni profonde, come l'ascolto attivo e l'empatia, sono anche competenze chiave per il successo in molti contesti professionali.

Quindi, mentre riflettiamo sull'importanza delle relazioni profonde e sul loro impatto sulla qualità della nostra vita, è opportuno anche pensare a come queste competenze relazionali si trasferiscano in altre aree. La capacità di connettersi a un livello profondo non solo arricchisce la nostra vita emotiva e sociale, ma può anche avere ripercussioni positive sul nostro benessere finanziario e sul nostro successo professionale.

Con questa connessione chiaramente stabilita tra le relazioni personali profonde e il successo in altre aree della vita, siamo ora pronti per immergerci nel prossimo capitolo. Lì, esploreremo come applicare i principi della Legge dell'Attrazione per manifestare prosperità finanziaria e successo professionale.

CAPITOLO 6: PROSPERITÀ FINANZIARIA E SUCCESSO PROFESSIONALE

Cambiare la mentalità sul denaro

Avendo già esplorato come la Legge dell'Attrazione possa migliorare le relazioni personali e professionali, è giunto il momento di applicare questi stessi principi al nostro rapporto con il denaro. Come la mentalità può influenzare il nostro benessere finanziario e il successo nella carriera?

La nostra mentalità riguardo al denaro può fungere sia da catalizzatore che da ostacolo nel percorso verso la prosperità finanziaria. Se vediamo il denaro come un mezzo per realizzare i nostri sogni, per garantire la nostra sicurezza e per contribuire positivamente al mondo, allora siamo più propensi ad attirare opportunità finanziarie. Al contrario, se associamo il denaro a sentimenti di paura, scarsità o colpa, la Legge dell'Attrazione suggerisce che è più difficile attirare l'abbondanza.

Avere una mentalità positiva e aperta sul denaro è essenziale non solo per il nostro benessere finanziario, ma anche per il nostro generale stato d'animo e per il nostro rapporto con gli altri. Come abbiamo visto nei capitoli precedenti, l'attitudine positiva, la gratitudine e un forte senso di autostima possono fare meraviglie nelle relazioni personali e professionali. Lo stesso vale per la nostra relazione con il denaro.

Visualizzare il successo finanziario, esprimere gratitudine per ciò che già abbiamo e prepararci per le opportunità future non sono solo strategie per migliorare la nostra situazione finanziaria; sono anche strumenti per elevare la nostra qualità di vita in generale.

E qui entra in gioco un elemento chiave: l'investimento in noi stessi. Oltre a visualizzare e a essere grati, l'apprendimento continuo e l'auto-miglioramento possono fungere da acceleratori nel percorso verso il successo finanziario. Corsi, seminari, libri: tutti questi strumenti contribuiscono non solo alla nostra crescita personale, ma aumentano anche il nostro valore nel mercato del lavoro.

Con questo fondamento su come una mentalità positiva riguardo al denaro possa influenzare la nostra prosperità, siamo pronti per affrontare il prossimo argomento. Esploreremo strategie pratiche per manifestare la ricchezza desiderata, consolidando ulteriormente i concetti discussi qui.

Tecniche per attrarre l'abbondanza

Dopo aver discusso l'importanza di una mentalità positiva riguardo al denaro nel punto precedente, è cruciale adesso approfondire le strategie operative che possano concretamente attrarre l'abbondanza che desideri. In fondo, conoscere la teoria senza applicare delle azioni pratiche è come avere una mappa senza mai iniziare il viaggio.

Tra le tecniche più efficaci, abbiamo la visualizzazione, l'uso di affermazioni positive e la pratica della gratitudine. Queste strategie lavorano in simbiosi per creare una mentalità e un'energia che favoriscono l'abbondanza. Ad esempio, visualizzare il tipo di vita che desideri e ripetere affermazioni che rafforzano questa visione possono avere un impatto significativo sulla tua realtà. E la gratitudine, registrata magari in un "diario della gratitudine", agisce come un potente magnete che attira ancora più di ciò per cui si è grati.

A queste pratiche mentali e spirituali, è fondamentale affiancare azioni concrete nel mondo fisico: pianificazione finanziaria, investimenti saggi e una cultura del risparmio. Solo un equilibrio tra il mondo interiore e quello materiale può generare una vera prosperità.

E in questo contesto, non si può sottovalutare il potere del dare. Offrire volontariamente tempo, risorse o denaro può instaurare un ciclo virtuoso di abbondanza che ti ripagherà in modi inaspettati.

Queste tecniche formano una base solida per attrarre l'abbondanza, ma come ogni viaggio, anche la strada verso la prosperità finanziaria è disseminata di ostacoli. Questi possono spesso presentarsi sotto forma di paure finanziarie, le quali, se non affrontate, possono rappresentare un serio impedimento al tuo progresso. Ecco perché il prossimo punto esplorerà come identificare e affrontare queste barriere emotive e psicologiche che possono ostacolare il tuo cammino verso l'abbondanza finanziaria.

Riconoscere e superare le paure finanziarie

Nella sezione precedente abbiamo esplorato diverse tecniche per attrarre l'abbondanza nella tua vita. Ma come ben sappiamo, la strada verso la prosperità finanziaria non è sempre lineare; è disseminata di ostacoli emozionali come le paure finanziarie, che possono significativamente rallentare o deviare il nostro percorso. Queste paure possono manifestarsi in molti modi: timore di fare investimenti sbagliati, ansia per un futuro finanziario incerto, o semplicemente la paura di non essere "abbastanza bravo" nel campo professionale.

Riconoscere queste paure è il primo passo cruciale per affrontarle. Senza questa consapevolezza, rimangono degli ostacoli invisibili che impediscono il nostro avanzamento. Una volta identificate, queste paure possono essere gestite e superate attraverso una combinazione di metodi psicologici e strategie finanziarie concrete.

Cambiando la tua mentalità, utilizzando tecniche come la visualizzazione e implementando un piano finanziario solido, puoi trasformare queste paure in opportunità di crescita e apprendimento.

Superare queste paure è fondamentale non solo per la tua crescita finanziaria, ma anche per la tua evoluzione professionale. Se riesci a liberarti dai timori che ti bloccano, sarai in una posizione molto più forte per attrarre nuove opportunità professionali che possono, a loro volta, portare a una maggiore prosperità finanziaria. Ecco perché il prossimo punto, ti fornirà gli strumenti per sfruttare al meglio il tuo potenziale nel mondo del lavoro. Con una mentalità liberata dalle paure finanziarie, sarai meglio equipaggiato per cogliere le opportunità che si presentano, portando la tua carriera e le tue finanze a nuovi livelli di successo.

Attrarre opportunità professionali

Nel punto precedente, abbiamo discusso su come affrontare e superare le paure finanziarie, liberando la tua mentalità per accogliere nuove possibilità. Ora, con quei fondamenta di fiducia e coraggio, è il momento di rivolgere la nostra attenzione all'attrazione di opportunità professionali. Oltre a rappresentare un'evoluzione nella tua carriera, queste opportunità possono avere un impatto diretto e significativo sulla tua prosperità finanziaria.

Una strategia chiave è il networking efficace. Le connessioni umane spesso aprono porte che altrimenti rimarrebbero chiuse. Ma il networking non è solo fare nuove conoscenze; è anche valorizzare e mantenere i rapporti già instaurati. Che tu scelga di frequentare eventi professionali, ricontattare vecchi colleghi, o utilizzare piattaforme come LinkedIn, la rete è fondamentale per il tuo successo professionale.

Investire nel tuo sviluppo professionale è un'altra tattica fondamentale. Come abbiamo accennato in capitoli precedenti, migliorare te stesso è il miglior investimento che puoi fare. Questo potrebbe significare l'acquisizione di nuove competenze, certificazioni o anche la partecipazione a seminari e workshop.

Il tuo marchio personale può anche servire come un potente magnete per opportunità. Assicurati di avere una presenza online che ti rappresenti come un esperto nel tuo campo. Questo può includere un sito web personale, profili sui social media e un portfolio online.

Essere mentalmente aperto e flessibile può anche aiutarti ad adattarti alle opportunità emergenti. Il mondo del lavoro è in continua evoluzione, e nuove opportunità possono sorgere in modi inaspettati. Essere aperto a nuovi percorsi può aprirti porte che non sapevi nemmeno esistessero.

Ma cosa succede quando effettivamente raggiungi quel livello di successo e prosperità che hai tanto desiderato? È qui che molti incontrano un nuovo set di sfide: gestire il successo e la ricchezza che hanno attirato nella loro vita. Ecco perché il prossimo argomento è cruciale. Attrarre opportunità è solo una parte del puzzle; saper gestire ciò che viene dalla realizzazione di queste opportunità è un'altra competenza indispensabile. Non è raro vedere individui che raggiungono il successo solo per trovarsi sopraffatti da esso. Nel punto successivo, esploreremo come evitare questa trappola comune e come utilizzare in modo saggio e sostenibile la prosperità che hai creato, permettendo un continuo allineamento con la Legge dell'Attrazione e con il tuo percorso verso l'abbondanza totale.

Gestire il successo e la ricchezza

Nel punto precedente, abbiamo discusso su come attrarre opportunità professionali che possono portare a successo e ricchezza. Ma, una volta che avrai accumulato queste risorse, sarai di fronte alla nuova sfida di gestirle in modo efficace. Questo è cruciale per mantenere e ampliare la tua prosperità, ed è anche un passaggio chiave nel tuo percorso di crescita personale.

Innanzitutto, il modo in cui gestisci il tuo successo e la tua ricchezza è un segnale potente delle tue credenze e della tua autostima. Se ti senti meritevole, sarai più propenso a gestire le tue risorse in modo saggio, anziché dissiparle per paura o per dimostrare qualcosa agli altri. Pertanto, una consapevolezza emotiva è il primo passo: affronta qualsiasi sensazione di inadeguatezza o paura che potrebbe emergere.

Il secondo aspetto è la pianificazione finanziaria, che va dalla creazione di un fondo di emergenza all'investimento mirato. Anche in questo caso, il tuo atteggiamento nei confronti del denaro e del successo riflette e rafforza la tua autostima. Investire in te stesso, ad esempio, attraverso l'istruzione o lo sviluppo personale, è anche un investimento nella tua ricchezza futura.

Non dimenticare la crescita continua. Il successo è spesso effimero, e il mondo è in costante evoluzione. Continuare ad adattarsi, imparare e crescere è fondamentale non solo per mantenere il successo raggiunto ma anche per allinearsi con nuove opportunità che la vita e l'universo potrebbero presentare.

Infine, la gratitudine. Questa pratica semplice ma potente non solo ti mette in uno stato d'animo positivo, ma ti allinea anche con le forze universali che possono portare ulteriore abbondanza nella tua vita. Essere grati per il successo e la ricchezza che hai ottenuto finora ti pone in una posizione di forza per affrontare le sfide future.

Il modo in cui gestisci la tua prosperità è un riflesso diretto della tua crescita personale e dell'autostima. Questo ci porta al prossimo capitolo, dove esploreremo più a fondo l'importanza della crescita personale e dello sviluppo dell'autostima. In un mondo che valuta spesso il successo in termini materiali, è essenziale ricordare che la vera misura del successo è una vita vissuta in allineamento con i tuoi valori più profondi e il tuo vero sé. E per farlo, è fondamentale avere un forte senso di autostima e un impegno per la crescita personale continua. Quindi, mentre hai appreso le competenze necessarie per attrarre e gestire la ricchezza esterna, nel prossimo capitolo ti guideremo attraverso il viaggio interiore che ogni individuo deve intraprendere per realizzare una vita veramente prospera e soddisfacente.

CAPITOLO 7: CRESCITA PERSONALE E SVILUPPO DELL'AUTOSTIMA

L'importanza dell'autoconsapevolezza

Abbiamo appena esplorato nel dettaglio come gestire il successo e la ricchezza, concludendo che la tua autostima e la tua crescita personale sono parti integrali del puzzle. Ora, entreremo nel cuore del viaggio verso l'autorealizzazione, iniziando con la colonna portante di ogni percorso di crescita: l'autoconsapevolezza.

Essere autoconsapevoli è fondamentale per comprendere chi sei realmente, i tuoi valori, le tue credenze e le tue emozioni. Questa consapevolezza ti permette di allinearti con la Legge dell'Attrazione per manifestare una vita coerente con il tuo autentico essere. Se sei disconnesso da te stesso, c'è il rischio di perseguire obiettivi che potrebbero apparire allettanti, ma che in realtà sono vuoti e non soddisfacenti. L'autoconsapevolezza ti offre la chiarezza per perseguire ciò che veramente desideri.

Oltre a darti una direzione, l'autoconsapevolezza ti aiuta a identificare e superare gli ostacoli interni, come le credenze limitanti o i blocchi emotivi che potrebbero impedirti di realizzare i tuoi sogni. Strumenti come la meditazione, l'auto-riflessione e perfino il coaching professionale possono contribuire a migliorare questo aspetto.

Anche nelle relazioni, l'autoconsapevolezza è fondamentale. Conoscere i tuoi limiti, le tue esigenze e le tue emozioni ti consente di costruire rapporti più sani e soddisfacenti. Questa consapevolezza è un ingrediente chiave quando utilizzi la Legge dell'Attrazione per manifestare amicizie e relazioni amorevoli che sono in sintonia con chi sei veramente.

Infine, l'autoconsapevolezza è la base su cui costruire altre competenze vitali per la crescita personale, come la resilienza, l'empatia e la gratitudine. Ognuno di questi aspetti è essenziale per affrontare efficacemente le sfide che incontrerai nel tuo viaggio.

La vita è piena di alti e bassi, e come affrontiamo le sfide è spesso un grande indicatore del nostro livello di crescita personale. L'autoconsapevolezza è la lente attraverso la quale possiamo vedere queste sfide non come ostacoli insormontabili, ma come opportunità per evolvere e migliorare. Grazie all'autoconsapevolezza, saremo in grado di accettare queste sfide e utilizzarle come trampolini di lancio verso una maggiore comprensione di noi stessi e del mondo che ci circonda. Quindi, mentre la sezione attuale ha posto le fondamenta per una comprensione profonda di te stesso, il prossimo punto ti fornirà gli strumenti per trasformare ogni sfida in una preziosa lezione di vita.

Sfide come opportunità di crescita

Nel punto precedente abbiamo esplorato l'importanza dell'autoconsapevolezza nel costruire una vita che ci soddisfa veramente. Ma come possiamo utilizzare questa autoconsapevolezza per affrontare gli inevitabili ostacoli e sfide che incontriamo lungo il percorso? Questa è la questione che affrontiamo ora.

Le sfide sono parte integrante di qualsiasi percorso di crescita e sviluppo. Infatti, senza ostacoli, non avremmo modo di misurare il nostro progresso o di affinare le nostre competenze. Ecco perché è essenziale vedere le sfide non come impedimenti, ma come opportunità per crescere e per applicare la Legge dell'Attrazione in modo ancora più efficace.

Quando affrontiamo una sfida, abbiamo due scelte: possiamo lasciare che ci scoraggi, o possiamo vederla come un'opportunità per riflettere, adattarci e migliorare. La scelta che facciamo può avere un impatto diretto sul nostro livello di autostima.

Per esempio, se stai affrontando delle difficoltà nel tuo lavoro, potresti sentire abbattuto e insicuro, pensando che non sei all'altezza. Questo tipo di pensiero potrebbe abbassare la tua autostima. Tuttavia, se affronti la sfida come un'opportunità per crescere, la tua autostima può effettivamente aumentare, perché hai dimostrato a te stesso che sei capace di superare gli ostacoli.

La Legge dell'Attrazione sostiene che attraiamo ciò a cui pensiamo di più. Se vediamo le sfide come opportunità e non come ostacoli, iniziamo ad attirare più opportunità di crescita e successo nella nostra vita. Questo atteggiamento positivo rafforza ulteriormente la nostra autostima, creando un ciclo virtuoso di crescita personale.

Ecco dove la Legge dell'Attrazione e l'autostima si intersecano. Quando usi la Legge dell'Attrazione per vedere le sfide come opportunità di crescita, non solo migliora la tua vita esterna, ma anche la tua percezione di te stesso. Aumentare la tua autostima significa migliorare la tua autopercezione, il che a sua volta rende più efficace la tua applicazione della Legge dell'Attrazione.

In sintesi, le sfide e gli ostacoli che incontriamo sono strumenti preziosi che ci aiutano a crescere come individui e a affinare la nostra capacità di utilizzare la Legge dell'Attrazione. Questa crescita non solo è fondamentale per il nostro benessere esterno, ma ha un impatto diretto e significativo sul nostro senso di autostima.

Avendo ora stabilito la relazione tra le sfide della vita e l'autostima, nel prossimo argomento approfondiremo come la Legge dell'Attrazione può essere utilizzata specificamente per costruire e mantenere un'alta autostima. Una forte autostima non solo ci aiuta a superare le sfide, ma è anche la chiave per manifestare una vita piena di abbondanza, felicità e significato.

La Legge dell'Attrazione e l'autostima

Ora, ci concentreremo su come la Legge dell'Attrazione possa agire come un potente strumento per rafforzare l'autostima, una chiave essenziale per una vita prospera e soddisfacente.

L'autostima è il fondamento su cui costruiamo la nostra realtà. Secondo la Legge dell'Attrazione, i pensieri e le emozioni che generiamo diventano le frequenze energetiche che attraggono circostanze simili nella nostra vita. Pertanto, un'alta autostima può innescare una catena di eventi positivi, mentre una bassa autostima può fare l'opposto. Quando ti consideri una persona di valore, questa autopercezione irradia come un segnale al mondo esterno e all'universo, invitando opportunità e relazioni positive.

Allora, come possiamo utilizzare la Legge dell'Attrazione per potenziare la nostra autostima? Il primo passo è diventare pienamente consapevoli dei pensieri e dei pattern mentali che abitiamo. Questa autoconsapevolezza ci permette di sostituire pensieri limitanti e credenze autodistruttive con affermazioni e convinzioni potenzianti. Ad esempio, cambiare un pensiero come "Non sono abbastanza bravo" in "Ho il potere di creare la mia realtà" può fare una notevole differenza nel tipo di energia che emaniamo e, di conseguenza, in quello che attiriamo.

La gratitudine è un altro potente alleato. Concentrarsi sulle cose per cui siamo grati ci eleva a una frequenza più alta, permettendoci di sintonizzarci con le energie positive dell'universo. Questo allineamento ci porta non solo a sentirci meglio, ma anche ad attrarre più circostanze che rafforzano la nostra autostima.

Inoltre, è fondamentale tradurre queste convinzioni positive in azioni concrete. Il rispetto e la gentilezza nei confronti di noi stessi e degli altri sono manifestazioni tangibili della nostra autostima. Trasformando la nostra mentalità positiva in comportamenti concreti, rafforziamo il ciclo di autostima e attrazione positiva.

Per concludere, la costruzione dell'autostima è un processo continuo e un viaggio di scoperta di sé. Man mano che rafforziamo la nostra autostima, diventiamo più efficaci nel manifestare la realtà che desideriamo. Ora, con questi strumenti alla mano, sei pronto per passare al prossimo punto. Impareremo come l'amore e l'accettazione di sé sono strettamente collegati all'autostima e come questi possano essere sviluppati e potenziati per arricchire ulteriormente la nostra vita.

Coltivare l'Auto-Amore e l'Accettazione

Nel precedente punto, abbiamo approfondito come l'autostima sia fondamentale nel processo di attrazione e manifestazione. Ora che abbiamo gettato delle solide fondamenta di autostima, è tempo di ampliare il nostro focus su un elemento cruciale per il benessere complessivo e la crescita personale: l'auto-amore e l'accettazione.

L'auto-amore non è un atto di egoismo o una forma di narcisismo. Al contrario, è una profonda forma di rispetto per noi stessi che ci permette di vivere autenticamente, migliorando così la qualità delle circostanze e delle relazioni che siamo in grado di attrarre attraverso la Legge dell'Attrazione.

Una via per iniziare a coltivare l'auto-amore è attraverso l'auto-accettazione. Accettare noi stessi in tutte le nostre sfaccettature, sia positive che negative, genera un'energia armoniosa che attira situazioni e persone altrettanto armoniose. Quando accettiamo di essere imperfetti, l'Universo risponde in modo positivo, attrarre esperienze che sono un riflesso di questa accettazione.

Le tecniche di mindfulness e meditazione possono essere strumenti utili in questo percorso, poiché ci permettono di diventare più consapevoli dei nostri schemi di pensiero, e quindi, di modificarli in modo più positivo. Ricordate, la Legge dell'Attrazione è molto sensibile alla qualità delle nostre frequenze energetiche; un alto grado di auto-amore e auto-accettazione ci posiziona in una frequenza che facilita una manifestazione più efficace.

L'auto-amore e l'auto-accettazione non migliorano solo la nostra qualità di vita; essi ci posizionano anche in uno stato che facilita l'estensione di queste qualità agli altri. Ciò porta ad una maggiore empatia, comprensione e amore nelle nostre interazioni, che è l'argomento del prossimo capitolo. Quando impariamo ad amare e accettare noi stessi incondizionatamente, diventiamo anche più capaci di estendere queste virtù agli altri, creando un ciclo virtuoso di crescita e benessere.

Con questa fondazione solida di auto-amore e accettazione, siamo pronti per esplorare come questi concetti possono essere estesi oltre noi stessi per influenzare positivamente le persone e le situazioni che ci circondano. Nel prossimo punto, ci concentreremo su come la crescita personale non sia un viaggio solitario, ma un percorso che ha un impatto potente su tutti coloro che incrociamo. Quindi, consideriamo come il lavoro che abbiamo fatto su noi stessi sia la base da cui possiamo estendere la crescita, l'empatia e l'amore agli altri.

Estendere la Crescita agli Altri

Nel percorso di crescita personale che abbiamo esplorato fino a questo punto, ci siamo concentrati soprattutto su come migliorare e affinare il nostro mondo interiore. Tuttavia, è fondamentale comprendere che la crescita non è un'isola; è un ecosistema. Quando miglioriamo noi stessi, creiamo un'onda d'urto di positività che può influenzare tutti quelli che ci circondano.

La Legge dell'Attrazione non è solo un utensile per il miglioramento personale; è anche uno strumento potentissimo per arricchire le vite di coloro che incrociano il nostro cammino. Quando operiamo da uno stato di equilibrio e armonia interiore, diventiamo come magneti che attraggono altre persone verso stati simili di benessere. E non si tratta solo di una metafora: la scienza sta iniziando a dimostrare che le emozioni e i comportamenti possono effettivamente essere "contagiosi".

Per esempio, pensate alle persone con cui interagite regolarmente. Avete notato che quando siete felici, anche loro tendono a essere più sollevati? Questo è un riflesso della vostra energia positiva che si diffonde, portando beneficio non solo a voi ma anche a coloro con cui entrate in contatto. Questo principio diventa ancora più fondamentale quando parliamo di relazioni intime; un amore sano per sé stessi genera un ambiente favorevole per relazioni amorevoli con gli altri.

Ecco perché, mentre lavoriamo per manifestare i nostri desideri e migliorare la nostra realtà, è importante tenere presente il benessere collettivo. La tua crescita personale ha il potere non solo di elevarti ma anche di ispirare e sostenere le persone intorno a te. E non è solo questione di altruismo; contribuire al benessere degli altri può avere un impatto diretto sul nostro senso di felicità e realizzazione, creando un circolo virtuoso di crescita e abbondanza.

Come vedrete nel prossimo capitolo, questa capacità di influenzare positivamente gli altri si estende ben oltre il dominio delle relazioni personali e affettive. Ha implicazioni anche per la nostra salute e benessere generale. Infatti, la nostra energia emotiva non solo influenza il nostro stato d'animo, ma può avere un impatto significativo sulla nostra salute fisica. Quando impariamo ad armonizzare il nostro mondo interno, iniziamo a notare miglioramenti anche nel nostro stato di salute. E, naturalmente, una buona salute è il fondamento su cui costruire qualsiasi altro aspetto della crescita personale e della manifestazione. Ma come fare per ottimizzare la nostra salute attraverso la Legge dell'Attrazione? Esploreremo questa questione nel prossimo capitolo, allargando ancora di più l'orizzonte del nostro viaggio di crescita personale.

CAPITOLO 8: SALUTE E BENESSERE ATTRAVERSO LA LEGGE DELL'ATTRAZIONE

La Mente e il Suo Impatto sul Corpo

Nel viaggio che stiamo intraprendendo con questo libro, abbiamo scoperto l'incredibile potere che i nostri pensieri, emozioni e azioni possono avere sulle circostanze della nostra vita. Ma quale impatto può avere la nostra mente sul nostro stesso corpo? Numerosi studi scientifici hanno dimostrato che la mente non è un'entità separata dal corpo, ma un componente integrale di un sistema più ampio che contribuisce al nostro stato generale di benessere.

Hai mai notato che quando sei stressato o ansioso, anche il tuo corpo sembra risentirne? Magari hai avuto mal di stomaco, emicranie o disturbi del sonno. Questo accade perché mente e corpo sono connessi in modo così intimo da influenzarsi reciprocamente. C'è un flusso costante di informazioni tra questi due sistemi, e quando uno è squilibrato, l'altro tende a seguire. Pertanto, è fondamentale armonizzare la nostra mente per mantenere un corpo sano.

Per esempio, consideriamo il potere del placebo in ambito medico. Quando crediamo fermamente in un trattamento, il cervello inizia a rilasciare determinate sostanze chimiche che possono effettivamente avviare un processo di guarigione nel corpo. Questa connessione mente-corpo non è solo un concetto interessante, ma una realtà tangibile che può essere sfruttata per migliorare la nostra salute e benessere.

E qui entra in gioco la Legge dell'Attrazione. Fino a questo momento, abbiamo discusso principalmente di come usare questo potente strumento per attrarre successo, prosperità e relazioni significative. Ma la Legge dell'Attrazione può essere altrettanto efficace nel promuovere la salute fisica. Immagina di visualizzare il tuo corpo come un tempio di salute e benessere. Questa visione positiva non solo ti motiva a fare scelte più sane, ma può anche attivare le risorse interne del tuo corpo per combattere malattie e promuovere la guarigione.

Tuttavia, conoscere la teoria è solo il primo passo. Come possiamo applicare concretamente questa comprensione nella vita di tutti i giorni per effettuare cambiamenti reali nella nostra salute? Ecco dove entrano in gioco le tecniche di meditazione e rilassamento, argomenti che esploreremo in seguito. La meditazione è un metodo antico e comprovato per armonizzare mente e corpo, e le sue implicazioni per la Legge dell'Attrazione sono profonde. Preparati a scoprire come questi metodi possano aiutarti non solo a sentirti più a tuo agio nel tuo corpo, ma anche a portare la tua pratica della Legge dell'Attrazione a un nuovo livello di efficacia.

Tecniche di Meditazione e Rilassamento

Nella sezione precedente, abbiamo esplorato come la mente possa avere un potente impatto sul corpo. Ora, è il momento di presentarti alcune delle tecniche di meditazione e rilassamento più efficaci che possono servire come ponte per collegare la mente al corpo, e in ultima analisi, all'universo intorno a te.

La meditazione è un'antica pratica che ti consente di centrare la tua attenzione, fungendo da collegamento tra la mente conscia e inconscia. In questo stato di concentrazione e consapevolezza, diventa possibile allineare i tuoi pensieri, parole e azioni con le tue intenzioni più profonde. Man mano che ti dedichi alla meditazione, crei un ambiente mentale ed emotivo che è come un giardino fertile, pronto ad accogliere i semi delle tue aspirazioni. In questo spazio, l'energia positiva fiorisce, rendendo possibile attivare la Legge dell'Attrazione in modo più efficace.

Il potere delle tecniche di rilassamento va oltre la semplice riduzione dello stress. Pratiche come la respirazione profonda, lo yoga e l'uso di affermazioni positive possono migliorare sia il tuo benessere fisico che quello mentale. Quando la tua mente e il tuo corpo sono in uno stato di equilibrio e calma, diventi più aperto e recettivo alle opportunità e ai benefici che l'universo ha da offrire.

La connessione tra queste pratiche e la Legge dell'Attrazione è evidente. Un corpo rilassato e una mente serena sono come un'antenna ben sintonizzata, pronta a ricevere i messaggi positivi dall'universo. Inoltre, quando pratici regolarmente meditazione e tecniche di rilassamento, diventi più consapevole delle opportunità che ti circondano. Questa consapevolezza amplificata agisce come un magnete, attirando situazioni e circostanze favorevoli nella tua vita.

A questo punto, potresti chiederti: "Bene, ma come si traduce tutto questo in salute fisica e vitalità?" La risposta è semplice ma profonda: la salute e la vitalità non sono solo lo stato del tuo corpo fisico, ma sono anche profondamente influenzate dal tuo stato mentale e emotivo. Quando sei mentalmente e emotivamente equilibrato, il tuo corpo risponde positivamente. E qui entra in gioco il nostro prossimo argomento, l'attrazione della salute e della vitalità attraverso la Legge dell'Attrazione.

Nella prossima sezione, esploreremo come questi elementi si collegano e come puoi usare la Legge dell'Attrazione non solo per migliorare la tua situazione finanziaria, le tue relazioni o la tua carriera, ma anche per attrarre un livello di salute e vitalità che forse non pensavi fosse possibile. Preparati a scoprire come trasformare i principi della Legge dell'Attrazione in una potente medicina per il corpo e l'anima.

Attrarre Salute e Vitalità

Abbiamo esplorato le tecniche di meditazione e rilassamento come metodi per riequilibrare la mente, ora spostiamo la nostra attenzione su come possiamo applicare la Legge dell'Attrazione per migliorare la nostra salute e vitalità. La mente e il corpo sono strettamente collegati, e comprendere questa connessione è cruciale per realizzare un benessere olistico.

Salute e vitalità non sono solo stati fisici ma anche mentali e emotivi. La Legge dell'Attrazione ci insegna che siamo essenzialmente magneti viventi: ciò su cui ci concentriamo è ciò che attiriamo. Quando visualizziamo e interiorizziamo stati di salute e vitalità, stimoliamo processi fisiologici che supportano questo benessere.

Le tecniche di visualizzazione giocano un ruolo centrale. Immaginare sé stessi in uno stato di salute ottimale, impegnarsi in attività fisiche o raggiungere obiettivi legati al benessere può programmare la mente per manifestare queste realtà. Questa forma di auto-suggestione non solo migliora la mentalità ma anche le funzioni del corpo.

Ma che dire delle paure e delle preoccupazioni che a volte affollano la mente? Quando ci focalizziamo sulle malattie o sugli acciacchi, emaniamo una frequenza energetica che può attrarre esattamente ciò che stiamo cercando di evitare. Ecco perché è cruciale mantenere uno stato d'animo positivo e una focalizzazione chiara su ciò che desideriamo veramente: salute, vitalità, e benessere.

Naturalmente, la Legge dell'Attrazione funziona in sinergia con uno stile di vita sano. Alimentazione equilibrata, esercizio fisico e sonno adeguato sono pilastri fondamentali per la salute. Ma oltre a queste pratiche convenzionali, l'uso intenzionale del potere della mente può agire come un acceleratore nel tuo percorso verso una vita più sana.

Questo concetto di manifestazione attiva della salute è estremamente potente, ma c'è un altro elemento spesso trascurato che può agire come un potente catalizzatore nel processo: la gratitudine. Nel prossimo punto, esploreremo come il potere della gratitudine può avere un impatto profondo sulla nostra salute e sul nostro benessere generale. La gratitudine non è solo una pratica piacevole; può effettivamente essere uno degli strumenti più efficaci nel tuo arsenale per attrarre una vita più sana e più felice. Perciò, se ti stai chiedendo come potenziare ulteriormente la tua salute attraverso la Legge dell'Attrazione, continua a leggere: il prossimo argomento potrebbe essere il tassello mancante nel tuo percorso verso un benessere completo.

L'importanza della gratitudine nella salute

Dopo aver esplorato le varie tecniche e modalità con cui possiamo attivamente migliorare la nostra salute e il nostro benessere, è giunto il momento di focalizzarci su un elemento spesso sottovalutato, ma estremamente potente: la gratitudine. Alcuni potrebbero pensare che la gratitudine sia un sentimento superficiale, tuttavia, è proprio questo stato d'animo che ci permette di allineare la nostra energia interna con l'energia dell'Universo.

Numerose ricerche scientifiche hanno dimostrato che la gratitudine può influenzare direttamente il nostro stato di salute, sia fisica che mentale. Essa ha il potere di abbassare i livelli di stress, migliorare la qualità del sonno e persino contribuire a ridurre l'infiammazione cronica. E mentre la gratitudine ha un impatto positivo su questi aspetti fisici, è importante notare che esso influenza anche il nostro stato energetico, predisponendoci a un riequilibrio e una purificazione più efficaci.

La gratitudine è, infatti, una delle più potenti forme di riequilibrio energetico. Quando sei grato, la tua energia si alza, ti sintonizzi con frequenze più elevate e ti allinei con la sorgente dell'abbondanza universale. In questo stato, è più facile per te eliminare le energie negative o stagnanti che potrebbero accumularsi nel tuo campo energetico.

Ora, come possiamo incorporare la gratitudine nella nostra vita quotidiana? Un modo efficace è mantenere un "diario della gratitudine", dove annoti quotidianamente ciò per cui sei grato. Questa pratica ti costringe a concentrarti su ciò che è positivo, favorendo un riequilibrio energetico. Un altro metodo potrebbe essere la meditazione focalizzata sulla gratitudine, che non solo migliora la tua salute mentale ma anche prepara il tuo corpo e la tua mente per un processo più profondo di purificazione energetica.

La gratitudine non è solo un concetto astratto; è un'azione pratica che può portare a un benessere tangibile. Questo benessere non riguarda solo il corpo fisico, ma si estende anche al tuo ambiente energetico, preparandoti per processi più profondi come la purificazione e il riequilibrio energetico. È come se la gratitudine pulisse la "tavola energetica", rendendola pronta per accogliere nuove forme di energia positiva e abbondanza.

Se sei pronto a scoprire come la gratitudine può fare da ponte a tecniche più avanzate di purificazione energetica, ti invito a continuare a leggere. Il prossimo punto tratterà esattamente di questo, offrendo strumenti e pratiche per pulire e riequilibrare il tuo campo energetico, dando un significato ancora più profondo al concetto di salute e benessere.

Riequilibrio energetico e purificazione

In questo viaggio attraverso l'importanza della Legge dell'Attrazione nella nostra vita, abbiamo esplorato l'effetto profondo che la mente, le emozioni e le tecniche di rilassamento possono avere sul nostro benessere fisico e mentale. Tuttavia, è altrettanto essenziale affrontare un'altra dimensione della nostra esistenza: l'equilibrio energetico e la purificazione. Questo non solo completa il nostro viaggio di benessere ma serve anche come preparazione per il capitolo 9, che esplorerà come superare ostacoli e difficoltà.

Nella vita, non tutti i giorni saranno pieni di sole e spesso ci troveremo a dover navigare attraverso tempeste emotive e fisiche. Questo è dove il riequilibrio energetico entra in gioco. Mantenere un campo energetico equilibrato e pulito ci dà la resistenza e la forza per affrontare le sfide con una mentalità aperta.

Le tecniche di purificazione energetica vengono da diverse tradizioni spirituali e curative. Alcuni preferiscono utilizzare cristalli e pietre preziose per assorbire e neutralizzare l'energia negativa. Altri possono trovare conforto nel suono di un gong o di una campana tibetana. Altre ancora utilizzano la pratica della meditazione trascendentale o della respirazione profonda per calmare la mente e, di conseguenza, equilibrare l'energia.

Riequilibrare il nostro stato energetico è un po' come fare una pulizia di primavera nella nostra casa interna. Spazziamo via le ragnatele energetiche e creiamo spazio per nuove opportunità e nuovi inizi. E mentre lo facciamo, diventiamo più resilienti di fronte alle sfide e agli ostacoli che la vita inevitabilmente ci presenta.

La resilienza è uno degli attributi più preziosi che possiamo coltivare, specialmente quando ci troviamo di fronte a ostacoli che sembrano insormontabili. Come vedremo nel Capitolo 9, la capacità di superare difficoltà è strettamente legata al nostro stato di benessere generale e alla qualità del nostro campo energetico. Uno stato energetico forte e bilanciato è fondamentale per la nostra capacità di affrontare le sfide in modo efficace.

In definitiva, le tecniche di riequilibrio energetico e purificazione non solo migliorano la nostra salute fisica e mentale, ma ci preparano anche per le lezioni preziose che vengono dal superare gli ostacoli nella vita. Attraverso la pulizia energetica, non solo guadagniamo una maggiore chiarezza mentale, ma diventiamo anche più equipaggiati per affrontare e superare le difficoltà, fornendo così una transizione fluida alle tematiche che esploreremo nel prossimo capitolo. Così come un guerriero affila la sua spada prima della battaglia, anche noi dobbiamo preparare il nostro "campo di battaglia interiore" per le sfide che la vita ha in serbo per noi.

CAPITOLO 9: SUPERARE OSTACOLI E DIFFICOLTÀ

Riconoscere le resistenze interne

Nel precedente capitolo, abbiamo esplorato l'importanza di equilibrare le nostre energie e di purificare il nostro stato mentale per raggiungere un benessere ottimale. Tuttavia, anche con un'elevata consapevolezza di sé e un riequilibrio energetico, è probabile che incontriamo delle resistenze interne che ostacolano il nostro progresso e limitano il nostro benessere generale. Questa sezione agisce come un ponte tra la consapevolezza generale del nostro stato interiore e le tecniche più pratiche per superare specifiche paure.

Le resistenze interne sono quelle barriere mentali ed emotive che sorgono spontaneamente o gradualmente nel nostro percorso verso la realizzazione personale. Potrebbero manifestarsi come paure irrazionali, credenze limitanti o schemi di pensiero negativi che spesso hanno radici nel nostro passato. Questi ostacoli interni possono operare sotto la superficie della nostra consapevolezza, rendendo difficile non solo riconoscerli ma anche affrontarli.

L'autoconsapevolezza, un tema che abbiamo affrontato in precedenza nel capitolo 7, è la chiave per identificare queste resistenze. Pratiche come la meditazione, la scrittura di un diario o persino la consulenza con un professionista possono offrire preziose intuizioni su quali resistenze stiamo affrontando. Riconoscerle è il primo passo critico verso la loro eliminazione, perché solo attraverso la consapevolezza possiamo iniziare a smantellare queste barriere interiori.

Una volta identificate, le resistenze interne possono essere affrontate in modi diversi. Ad esempio, cambiamenti nel comportamento e nel pensiero, supportati da affermazioni positive e visualizzazioni, possono gradualmente erodere la forza di queste resistenze. Questo approccio ci permette di affrontare e superare le paure specifiche, un tema che tratteremo in dettaglio nel prossimo punto.

Nel contesto della Legge dell'Attrazione, è essenziale superare queste resistenze interne per manifestare efficacemente i nostri desideri. Se albergano in noi dubbi o paure, questi sentimenti agiranno come un "disturbo" nel nostro campo energetico, ostacolando la nostra capacità di attrarre ciò che vogliamo nella nostra vita.

In breve, il riconoscimento e il superamento delle resistenze interne sono passaggi fondamentali per spianare la strada all'uso efficace delle tecniche per superare le paure, che esploreremo nel punto successivo. Questa fase preparatoria non è solo una necessità ma un dovere verso noi stessi, se desideriamo vivere una vita in cui le nostre paure e limitazioni non dettano il nostro percorso. Ora che abbiamo gettato le basi per comprendere l'importanza di identificare le resistenze interne, siamo pronti per passare a tecniche più specifiche e pratiche per superare le paure che ci impediscono di vivere una vita piena e soddisfacente.

Tecniche per superare le paure

Nella sezione precedente, abbiamo discusso come riconoscere le resistenze interne che possono ostacolare il nostro percorso di crescita e realizzazione. Una delle più potenti resistenze che incontriamo è la paura. Superare le paure richiede un impegno costante e una serie di strategie adattive. Qui, presenteremo diverse tecniche che ci aiuteranno a fare proprio questo.

Un primo metodo fondamentale è l'esposizione graduale. Ad esempio, se la paura delle altezze ci ha sempre tenuti lontani dalle montagne, potremmo iniziare con piccoli passi, come salire su una scala o una collina, prima di affrontare una vetta più alta. Questo non solo riduce la nostra ansia ma ci prepara anche a considerare la paura non come un ostacolo insormontabile, ma come una lezione di vita che possiamo padroneggiare e superare.

La ristrutturazione cognitiva è un altro potente strumento che ci permette di indagare e mettere in discussione i pensieri irrazionali o le credenze limitanti che alimentano la nostra paura. Ad esempio, se temiamo il giudizio altrui, potremmo chiederci: "Qual è il peggio che potrebbe succedere?". Riesaminando la nostra paura alla luce di una nuova prospettiva, iniziamo a vederla come un ostacolo trasformabile in una lezione preziosa.

Le tecniche di meditazione e mindfulness, invece, ci offrono il dono del "qui e ora", permettendoci di distaccarci dai pensieri e dalle preoccupazioni che generano paura. Esse agiscono come un ponte che ci conduce alla consapevolezza, rendendoci più aperti ad accogliere le sfide come opportunità di crescita piuttosto che come minacce insormontabili.

Le affermazioni positive possono anche aiutarci a riscrivere il copione della nostra vita, utilizzando il potere della neuroplasticità per sostituire vecchi percorsi neurali di paura con nuovi percorsi di coraggio e fiducia in noi stessi. Questa pratica risona anche con le sezioni precedenti del libro sul potere del pensiero positivo.

Infine, il supporto sociale è essenziale. Non solo ci aiuta a sentirci meno soli nella nostra lotta contro la paura, ma le persone care possono anche offrirci nuove prospettive su come trasformare queste paure in lezioni di crescita personale.

Comprendendo e applicando queste tecniche, prepariamo il terreno per il prossimo argomento di questo libro: la trasformazione degli ostacoli in lezioni di vita. Come vedremo, quando affrontiamo le nostre paure con strategie consapevoli e intenzionali, non solo superiamo gli ostacoli ma li convertiamo in opportunità per un profondo apprendimento e crescita personale. Pertanto, le strategie qui discusse non sono solo metodi per superare la paura; sono i primi passi per vedere ogni sfida come un'opportunità.

Trasformare gli ostacoli in lezioni

Il cammino per dominare la Legge dell'Attrazione è spesso costellato da vari ostacoli. Tuttavia, superare le paure è solo un aspetto del viaggio. Ora, ci concentreremo su come trasformare questi ostacoli in lezioni di vita che possono arricchire il nostro percorso esistenziale e spirituale.

Iniziamo con una riflessione importante: gli ostacoli non sono intrinsecamente negativi. Molte volte, sono eventi necessari per la nostra crescita personale. Ogni ostacolo, ogni fallimento, ogni errore può diventare una lezione preziosa se impariamo ad adottare la giusta mentalità. E questa mentalità si chiama "positività," un concetto che esploreremo successivamente.

Per convertire gli ostacoli in lezioni, è fondamentale fare un esame post-mortem. Una volta che un ostacolo è stato superato o almeno affrontato, prenditi un momento per riflettere su ciò che è successo. Questo può essere fatto attraverso la meditazione, la scrittura in un diario, o anche una semplice riflessione interiore. Analizza quali abilità hai utilizzato, quali strategie hanno funzionato, e cosa hai appreso dalla situazione.

Accanto a questa riflessione, lo sviluppo della resilienza gioca un ruolo fondamentale. La resilienza non è solo la capacità di rimanere in piedi dopo una caduta, ma anche l'abilità di analizzare la caduta in modo da evitare errori simili in futuro. La resilienza può anche aiutarti a mantenere un atteggiamento positivo di fronte alle sfide, un aspetto che sviscereremo nel prossimo punto.

Un'altra strategia per trasformare gli ostacoli in lezioni è praticare la gratitudine. Ogni volta che superi un ostacolo, prenditi un momento per essere grato per l'opportunità di crescita che ti è stata data. Anche questo rafforza la tua mentalità positiva, fornendoti ulteriori strumenti per affrontare le sfide future.

Condividere le tue esperienze e le lezioni apprese con gli altri è un altro passo cruciale. Questo atto di condivisione non solo solidifica la tua comprensione degli eventi ma offre anche agli altri la possibilità di imparare dalle tue esperienze. E, ancora una volta, questa condivisione ti aiuta a mantenere una prospettiva positiva, fornendo un ulteriore collegamento al prossimo punto sul mantenimento della positività nelle sfide.

In conclusione, gli ostacoli sono inevitabili nella nostra ricerca di una vita più felice e realizzata. Tuttavia, con la giusta mentalità e gli strumenti adeguati, questi ostacoli possono essere trasformati in lezioni preziose che ci aiutano a crescere come individui. Il trucco è mantenere una mentalità positiva. Attraverso questa lente, scopriremo come un atteggiamento positivo può essere il nostro più grande alleato nel superare gli ostacoli e nel trasformarli in pietre miliari sul percorso della crescita personale.

Mantenere la positività nelle sfide

Mentre nel punto precedente abbiamo esplorato come trasformare gli ostacoli in opportunità di crescita, ora ci concentriamo su come mantenere un atteggiamento positivo durante queste prove. La positività è un ingrediente cruciale per affrontare gli ostacoli della vita. E questa positività non è solo uno stato d'animo, ma una pratica attiva che può influenzare profondamente la nostra vita e i nostri risultati.

La pratica della "frammentazione cognitiva" è uno strumento essenziale. Consiste nel riformulare i nostri pensieri e percezioni per concentrarci sugli aspetti positivi piuttosto che sui negativi. Quando affrontiamo una sfida, invece di pensare: "Non posso farcela", dovremmo dirci: "Questa è una sfida, ma ho le risorse per superarla". Questo cambio di prospettiva può cambiare non solo come ci sentiamo, ma anche come agiamo, ponendo le basi per circondarci di energie positive, come vedremo nel prossimo punto.

La mindfulness o consapevolezza è un'altra strategia per mantenere un approccio positivo. Essere presenti nel momento ci permette di affrontare gli ostacoli senza l'ingombro di preoccupazioni passate o future. La mindfulness ci permette anche di riconoscere quando ci circondiamo di energia negativa, dandoci l'opportunità di cambiarla in qualcosa di più positivo.

Il ruolo del supporto della comunità è fondamentale. Condividere le nostre sfide con altre persone ci fornisce non solo sostegno emotivo ma anche un senso di responsabilità collettiva. Essere parte di una comunità di persone positive può amplificare i nostri sforzi per mantenere un atteggiamento ottimista, preparandoci a comprendere meglio come circondarsi intenzionalmente di energie positive.

Una tattica spesso sottovalutata per mantenere la positività è celebrare i piccoli successi. Ogni piccola vittoria ci avvicina al nostro obiettivo più grande e contribuisce a costruire un ambiente di energia positiva intorno a noi. Questo crea un ciclo di positività che non solo ci aiuta a superare le sfide ma ci posiziona anche in una comunità che condivide questi successi, dando vita a un ecosistema di energie positive.

In conclusione, mantenere un atteggiamento positivo di fronte alle sfide è un elemento fondamentale per la nostra crescita personale. E una volta che abbiamo adottato queste tecniche, il passo successivo logico e gratificante è di circondarci di energie positive. Quando ci circondiamo di positività, non solo facciamo un favore a noi stessi, ma diventiamo anche una fonte di energia positiva per gli altri, creando un circolo virtuoso che alimenta sia il nostro benessere individuale sia quello collettivo.

Circondarsi di energie positive

Se il punto precedente si concentrava sull'importanza di mantenere la positività durante le sfide, questa sezione enfatizza il ruolo cruciale di costruire e mantenere un ambiente carico di energie positive.

L'ambiente che ci circonda agisce come uno specchio che riflette la nostra realtà interiore. Se desideriamo un futuro senza limiti, come esploreremo nel prossimo capitolo, dobbiamo prima impostare una base solida di energie positive da cui partire. Per farlo, possiamo ricorrere a strumenti come la gratitudine, un tema già affrontato nelle sezioni precedenti. Esprimere gratitudine non è solo un modo per migliorare il proprio stato d'animo, ma è anche un modo per preparare il terreno per le infinite possibilità che possono emergere quando ci concentriamo su ciò che è positivo.

Per fortuna, la Legge dell'Attrazione, un tema ricorrente in questo libro, ci viene in aiuto. Quando emettiamo energie positive, creiamo un vortice che attira ulteriori situazioni e relazioni positive, pavimentando la strada per un futuro in cui niente sembra impossibile. Questa è una preparazione essenziale per il capitolo successivo, che esplorerà come le barriere che percepiamo intorno a noi sono spesso autoimposte e come possono essere superate attraverso un atteggiamento positivo e proattivo.

È importante sottolineare che non basta solo ricevere energie positive, ma dobbiamo anche darle. Questo è in linea con il concetto di riequilibrio energetico e purificazione. Quando ci purifichiamo energeticamente, diventiamo un canale più puro per le energie positive, creando un ciclo virtuoso che non solo migliora la nostra vita ma anche quelle degli altri.

Un altro punto di raccordo con il prossimo capitolo è il concetto di superamento delle sfide. Come abbiamo visto nei punti precedenti, liberarsi da relazioni tossiche è un modo per fare spazio a energie più positive. In seguito ci mostrerà come queste azioni di "pulizia" non solo migliorano il nostro presente, ma ampliano anche il raggio delle possibilità future, permettendoci di vivere una vita senza limiti apparenti.

Infine, ma non meno importante, le energie positive sono il carburante che ci permette di affrontare le sfide che inevitabilmente affronteremo mentre lavoriamo per realizzare i nostri sogni più grandi. Nel prossimo argomento "Futuro Senza Limiti," le sfide non scompaiono; invece, diventano opportunità per crescere e migliorare. Ma per sfruttare queste opportunità al meglio, dobbiamo prima assicurarci di essere radicati in un ambiente di positività e supporto.

In sintesi, questo punto serve come il trampolino di lancio per il successivo capitolo, dove esploreremo come tutti questi strumenti, tecniche e atteggiamenti si fondono in una vita che è non solo senza limiti ma anche ricca e gratificante in ogni aspetto. Prendiamo con noi il potere delle energie positive mentre avanziamo verso un futuro che è tutto nostro da creare.

CAPITOLO 10: VERSO UN FUTURO SENZA LIMITI

Riflessioni sul percorso appreso

Abbiamo coperto un terreno considerevole nel nostro viaggio attraverso la Legge dell'Attrazione. Ma come in ogni viaggio, è importante prendere un momento per riflettere su dove siamo stati e su come ciò possa influenzare dove stiamo andando. Questa sezione serve come un punto di transizione cruciale, un luogo per consolidare il nostro apprendimento.

Iniziamo con la neuroplasticità e il pensiero positivo, i fondamenti scientifici e psicologici su cui si basa l'intera Legge dell'Attrazione. È questa connessione tra mente e materia che ci ha permesso di capire come funziona il nostro universo su un piano più profondo. Le implicazioni sono state rivoluzionarie per la nostra autopercezione e per come affrontiamo la vita, dalle relazioni personali alla prosperità finanziaria e alla salute globale.

Abbiamo affrontato resistenze, paure e ostacoli, e abbiamo visto che, mentre possono sembrare impedimenti, sono in realtà opportunità per la crescita e l'autoconsapevolezza. Il confronto con le difficoltà è stato non solo inevitabile ma necessario, poiché ogni sfida affrontata ci ha fornito gli strumenti per evolverci e per diventare la versione migliore di noi stessi.

E allora, cosa significa tutto questo per il futuro? Come possiamo applicare concretamente questi insegnamenti nella nostra vita quotidiana? È una domanda chiave che ci accompagnerà nel punto successivo. Dopo aver imparato così tanto, è fondamentale considerare come integrare queste lezioni in una pratica quotidiana. Questa è la ragione per cui il prossimo punto è cruciale: offre un piano d'azione, una guida su come portare avanti tutto ciò che abbiamo imparato.

La pratica continua è essenziale. Le lezioni apprese devono essere applicate, i principi devono diventare abitudini, e le abitudini devono diventare un modo di vivere. Se la Legge dell'Attrazione deve avere un impatto duraturo, deve essere integrata in modo organico nella nostra vita. Dobbiamo imparare non solo a "usare" la Legge dell'Attrazione, ma a "viverla", rendendola parte della nostra essenza.

Il viaggio verso la comprensione e l'applicazione della Legge dell'Attrazione è, in molti modi, un viaggio senza fine. È un percorso di crescita continua, di sfide che diventano opportunità e di ostacoli che diventano lezioni.

Quindi, mentre concludiamo questa sezione di riflessione, teniamo a mente che ogni fine è un nuovo inizio. Siamo pronti non solo a riflettere ma anche a agire, ad applicare tutto ciò che abbiamo imparato in modo pratico e tangibile.

Ora, avanziamo con determinazione e scopo verso il prossimo punto, armati di una comprensione più profonda e un bagaglio di strumenti pratici per farci guidare nel prossimo capitolo della nostra esistenza.

Strategie per la pratica continua

Abbiamo compiuto un lungo viaggio attraverso i principi della Legge dell'Attrazione, esplorando come applicarli in ogni sfaccettatura della nostra vita. Ma come possiamo mantenere e rafforzare questi insegnamenti in una pratica continua? La risposta risiede in una serie di strategie attentamente selezionate che non solo solidificano le nostre comprensioni ma ci preparano anche per il prossimo passo: connettersi con il potere universale.

Una delle strategie più efficaci è l'integrazione di una routine quotidiana. Anche dedicare soli cinque minuti al giorno per visualizzazioni o meditazioni può accumulare un'energia che avrà un impatto tangibile sulle vostre giornate. La costanza è la chiave.

Il diario della gratitudine è un altro strumento potentissimo. Registrare ogni giorno ciò per cui siamo grati ci sintonizza con l'abbondanza dell'universo. Questa pratica allinea i nostri pensieri e sentimenti con le forze più grandi a nostra disposizione, creando un collegamento naturale con l'energia universale.

Non dimentichiamo l'auto-esame. Rivedere i nostri progressi e le nostre sfide ci dà la possibilità di rifinire i nostri approcci. Questo rituale di auto-riflessione può diventare un momento in cui ci connettiamo intenzionalmente con le energie più grandi che ci circondano, ascoltando per la guida o l'ispirazione che l'universo potrebbe offrire.

La formazione continua è cruciale. La Legge dell'Attrazione non è un campo statico; è in continua evoluzione con nuove ricerche e scoperte. Mantenere un atteggiamento di studente per tutta la vita ci permette di stare al passo con le nuove idee e tecniche che possono arricchire la nostra pratica e renderci più sensibili alle sfumature dell'energia universale.

Una delle strategie meno evidenti, ma più importanti, è la pazienza. Come vedrete nel punto successivo, la connessione con il potere universale non è un evento ma un processo. Richiede tempo, pratica e, soprattutto, fede. L'universo opera in modi che spesso non possiamo comprendere immediatamente. La pazienza ci permette di rimanere aperti e ricettivi, fiduciosi che stiamo lavorando in armonia con forze più grandi di noi.

In ultimo, la comunità. La nostra energia è amplificata quando siamo circondati da persone che condividono i nostri obiettivi e le nostre aspirazioni. Questa rete di sostegno non solo ci nutre ma è anche un canale attraverso il quale il potere universale può manifestarsi.

Queste strategie preparano il terreno per il punto successivo, in cui tratteremo di come andare oltre la pratica personale e iniziare a connettersi consapevolmente con l'energia universale. Poiché, come scopriremo, non si tratta solo di attrarre ciò che desideriamo, ma di diventare una parte attiva e consapevole dell'universo stesso.

Connettersi con il potere dell'universo

Mentre percorriamo il viaggio della vita con la Legge dell'Attrazione come nostro alleato, emergono strati sempre più profondi di comprensione e connessione. Questa sezione si dedica alla connessione con l'energia universale, un'impresa che può servire come catalizzatore per il tuo potenziale interiore e come un faro guida per gli altri.

Iniziare a connettersi con il potere universale non è solo una pratica personale ma anche collettiva. È un passo che ci solleva dall'individualismo stretto e ci apre a una rete di interconnessione più vasta. Per fare questo, pratiche come la meditazione trascendentale o la mindfulness sono essenziali. Esse ci aiutano a allineare le nostre frequenze mentali con quelle dell'universo, creando un canale di energia e informazione tra noi e la fonte ultima di tutto ciò che è.

Quando riusciamo a stabilire questa connessione, iniziamo a vivere una serie di sincronicità, eventi che sembrano allinearsi miracolosamente per il nostro bene superiore. Questi momenti non sono coincidenze casuali; sono piuttosto segni che stiamo fluttuando in armonia con le energie più grandi del cosmo. In queste fasi, si avvertono spesso momenti di acuta intuizione, una comprensione profonda che va oltre la logica e il raziocinio. Questa è la saggezza universale che fluisce attraverso di noi.

Ma cosa significa tutto questo per gli altri? Come possiamo estendere questa connessione e questa comprensione al di fuori del nostro microcosmo individuale? Qui entra in gioco l'importanza di insegnare agli altri. Quando iniziamo a vivere in sintonia con l'universo, diventiamo inevitabilmente un punto di riferimento per coloro che ci circondano. La nostra presenza, le nostre azioni, e persino i nostri pensieri emanano un'energia che può influenzare positivamente le persone nella nostra orbita.

Ricordate che la Legge dell'Attrazione non funziona solo a livello individuale; è un principio universale che si applica a tutti gli esseri umani. Quindi, mentre lavoriamo per allinearci con le forze cosmiche, abbiamo anche l'opportunità e forse la responsabilità di aiutare gli altri a fare lo stesso. Può trattarsi di condividere conoscenze, fornire supporto emotivo, o semplicemente vivere in modo tale da essere un esempio di come la Legge dell'Attrazione può trasformare la vita.

In conclusione, la connessione con il potere universale non è solo una questione di automiglioramento, ma anche un percorso verso l'empowerment collettivo. Essa pone le basi per il nostro prossimo argomento, che esplorerà l'importanza di essere un mentore, un guida e un insegnante. Come vedrete, condividere questa energia e conoscenza con gli altri non è solo un atto di generosità; è anche un passo fondamentale nel nostro viaggio verso una vita veramente illimitata.

L'importanza di insegnare agli altri

Nella nostra esplorazione della Legge dell'Attrazione e delle energie universali, uno degli aspetti cruciali è il passaggio dalla comprensione individuale alla collettiva. È proprio questo il focus di questa sezione, che sottolinea come insegnare agli altri non solo un atto di generosità ma anche un potente acceleratore per la nostra crescita personale.

Una delle massime del sapere è che "conoscenza condivisa è conoscenza moltiplicata". Ogni volta che offriamo le nostre intuizioni e la nostra saggezza, creiamo un loop di energia positiva che rafforza non solo il destinatario ma anche noi stessi. Questo atto di condivisione e di insegnamento è come gettare un sasso in uno stagno: le onde che ne risultano possono estendersi ben oltre quello che possiamo vedere o percepire inizialmente.

Essere un modello per gli altri attraverso le nostre azioni è un altro livello di insegnamento, un insegnamento che va oltre le semplici parole. Vivere in maniera autentica, allineando i nostri pensieri, parole e azioni con i nostri valori più profondi, è un messaggio potente che ispira gli altri ad agire. In questo modo, la nostra vita diventa un libro aperto, una testimonianza vivente delle possibilità infinite che si presentano quando mettiamo in pratica ciò che abbiamo appreso.

Ecco dove questo punto si intreccia con il successivo, che si concentrerà sul "Celebrare la vita e le infinite possibilità". L'atto di insegnare e di essere un modello positivo è, in sé, una celebrazione della vita. È un'affermazione del potenziale umano e una testimonianza delle infinite vie in cui la Legge dell'Attrazione può manifestarsi nella nostra realtà quotidiana.

La cosa affascinante è che, mentre ci sforziamo di essere guide per gli altri, diventiamo anche più ricettivi alle opportunità che la vita ha da offrire. La gratitudine, l'empatia e l'apertura mentale che derivano dall'insegnare ci preparano a riconoscere e ad accogliere le opportunità che magari prima non avremmo notato.

Il nostro prossimo punto, quindi, esplorerà come possiamo prendere questo stato di consapevolezza e di connessione con gli altri per innalzarlo ancora di più. Come possiamo celebrare non solo le nostre realizzazioni personali ma anche i successi di coloro a cui abbiamo contribuito attraverso il nostro insegnamento? E più importante, come possiamo vivere ogni giorno in un modo che sia una celebrazione delle infinite possibilità che la vita e l'universo hanno da offrire?

Insegnare, quindi, diventa un ponte che ci collega al prossimo stadio della nostra crescita. Un ponte che, attraversato con cura e consapevolezza, ci può portare a una comprensione ancora più profonda della meraviglia e dell'abbondanza che caratterizzano questo universo in cui viviamo. Attraverso l'insegnamento, non solo contribuiamo al bene comune ma ci prepariamo anche a celebrare la vita in tutte le sue sfaccettature.

Celebrare la vita e le infinite possibilità

Se il punto precedente si è concentrato sull'importanza dell'insegnamento e del passaggio della conoscenza come mezzo per espandere la propria crescita e quella degli altri, questo punto ci invita a esplorare l'atto di celebrare come un'estensione naturale di tale crescita. Vivere in stato di celebrazione è in effetti uno dei modi più potenti per attirare una realtà desiderata.

Celebrare la vita non significa ignorare le sfide o le difficoltà. Al contrario, la celebrazione è un modo per riconoscere ogni aspetto della vita come un'opportunità per l'apprendimento e la crescita. Quando celebrammo, ci connettiamo profondamente con il presente, e attraverso questo stato di completa presenza, siamo meglio in grado di vedere le infinite possibilità che la vita ci offre.

In una celebrazione genuina, non c'è posto per la paura o l'incertezza. Le energie che liberiamo sono quelle di gioia, gratitudine e amore, tutte potenti catalizzatori nella Legge dell'Attrazione. E non è solo una questione di celebrare i grandi eventi o i successi; è altrettanto importante riconoscere e festeggiare i piccoli momenti, i passaggi quotidiani che spesso diamo per scontati. Ecco perché la celebrazione non è un'azione ma uno stato d'animo, un modo di vivere ogni giorno con un senso di meraviglia e di gratitudine per l'abbondanza che ci circonda.

Questo stato di celebrazione attira energie positive da tutte le direzioni. Come insegnare ci apre alla gratitudine e all'empatia, la celebrazione ci apre all'abbondanza e all'accettazione. E, come un ciclo virtuoso, questi stati di essere si rinforzano a vicenda. Le persone intorno a noi rispondono a queste vibrazioni positive, e ciò che irradiamo torna da noi in modo esponenziale. La celebrazione diventa quindi un potente magnete per attirare ancora più situazioni, opportunità e relazioni che sono in armonia con i nostri desideri più profondi.

Con la celebrazione viene anche la responsabilità di condividerla. Condividere la tua gioia e il tuo entusiasmo è un modo per estendere il tuo stato di celebrazione all'energia collettiva. In questo modo, la tua celebrazione diventa una fonte di ispirazione e di elevazione per gli altri, incanalando una corrente di positività che ha il potere di trasformare non solo la tua vita ma anche quella delle persone intorno a te.

Ecco come questo punto s'intreccia con l'intero tessuto del nostro viaggio attraverso la Legge dell'Attrazione. La celebrazione è il riconoscimento che, indipendentemente dallo stadio in cui ci troviamo nel nostro percorso, siamo sempre in una posizione di potere. Il potere di scegliere come reagire, come sentire, e più importante, come vivere. Quindi, mentre ci avviciniamo alla conclusione di questo viaggio, portiamo con noi questa consapevolezza: che ogni momento è un invito a celebrare la vita e le infinite possibilità che ci attendono. E con questa celebrazione, sappiamo che il meglio è sempre ancora da venire.

CONCLUSIONI

Riflettendo sul viaggio intrapreso attraverso le pagine di questo libro, emerge una verità chiara e potente: la vita, con tutte le sue sfaccettature, sfide e trionfi, è una danza costante tra la nostra energia interiore e le forze dell'universo. Questa danza, quando guidata dalla consapevolezza e dall'intenzione, può portarci verso destini che una volta sembravano irraggiungibili.

Abbiamo esplorato la profondità e la vastità della Legge dell'Attrazione, un concetto che va oltre il semplice desiderio e la manifestazione. Al suo nucleo, la Legge dell'Attrazione non riguarda solo l'ottenere ciò che si vuole, ma piuttosto l'essere ciò che si desidera. È un percorso di trasformazione personale, di crescita, e, soprattutto, di autoscoperta.

Nel corso di questo viaggio, abbiamo imparato che ogni pensiero, parola e azione emanano vibrazioni che influenzano il nostro mondo esterno. La realizzazione dei nostri sogni, la costruzione di relazioni profonde, la conquista della prosperità finanziaria, e la crescita personale non sono eventi isolati, ma piuttosto il risultato di un allineamento armonioso tra il nostro essere interiore e le forze cosmiche.

Ci siamo confrontati con sfide, con ostacoli, con momenti di dubbio e con resistenze interne. Eppure, in ogni capitolo, c'era un messaggio centrale: ogni ostacolo è un'opportunità, ogni sfida una lezione, e ogni momento di incertezza un invito a cercare più profondamente dentro di noi.

Forse una delle lezioni più potenti è stata la capacità di riconoscere e celebrare le piccole vittorie della vita. Nel mondo frenetico di oggi, è facile essere travolti dagli obiettivi e dalle aspettative, perdendo di vista i piccoli momenti di gioia e gratitudine che costellano la nostra esistenza quotidiana.

Mentre ci avviciniamo alla fine di questo viaggio, vi invito a portare avanti questi insegnamenti nella vostra vita quotidiana. La Legge dell'Attrazione non è un mero strumento da utilizzare occasionalmente, ma piuttosto un modo di vivere, un percorso che si svela ogni giorno, momento dopo momento.

E come in ogni grande viaggio, la destinazione non è il punto finale, ma piuttosto le esperienze, le persone incontrate, e le lezioni apprese lungo il cammino. Questo libro, spero, vi servirà come una bussola, guidandovi attraverso i meandri della vita, ricordandovi di rimanere sempre allineati con la vostra verità più profonda, di perseguire i vostri sogni con passione e determinazione, e di abbracciare ogni singolo momento con amore e gratitudine.

Vi invito a rileggere questi capitoli quando ne sentite il bisogno, a tornare alle tecniche proposte, ma soprattutto a continuare a cercare, a crescere e a evolvervi.

Infine, vi esorto a condividere i vostri progressi, i vostri trionfi, e anche i vostri momenti di dubbio con gli altri. Poiché, come abbiamo appreso, è nell'atto di dare e di condividere che veramente riceviamo.

Con gratitudine e speranza per il vostro futuro senza limiti, vi auguro ogni benedizione e successo nel vostro percorso di crescita e manifestazione. E ricordate sempre: l'universo è dalla vostra parte.

RINGRAZIAMENTI

Carissimi lettori,

Giungere alla fine di questo libro è un momento che riempie di emozione, non solo perché segna la conclusione di un capitolo, ma anche l'inizio di una nuova, entusiasmante fase nel vostro viaggio personale. Sento un profondo senso di gratitudine per ognuno di voi che ha scelto di dedicare tempo ed energia alla lettura di queste pagine. Spero che le parole e i concetti qui espressi possano servire come una fonte continua di ispirazione e guida nel vostro percorso di vita.

Vorrei ringraziare voi lettori per aver condiviso questo percorso di scoperta con me. Per chi ha aperto queste pagine con curiosità e per chi ha trovato la forza di affrontare le sfide della vita con un nuovo senso di potere e possibilità: vi ringrazio. Ogni lettore porta un contributo unico all'energia complessiva di un libro, e il vostro interesse e la vostra interazione ne fanno parte integrante.

Mentre continuate nel vostro viaggio di autoscoperta e manifestazione, mi auguro che questi insegnamenti vi rimangano nel cuore e vi ispirino a vivere una vita ricca di amore, abbondanza, salute e felicità. E nel momento in cui incontrate ostacoli e sfide, come tutti inevitabilmente facciamo, spero che queste parole possano funzionare come un faro, ricordandovi del potere che avete dentro per cambiare, crescere e prosperare.

Rivolgerei un ringraziamento speciale a coloro che, ispirati da questo libro, decideranno di condividere le proprie scoperte e realizzazioni con gli altri. La condivisione è uno degli atti più potenti che possiamo fare come esseri umani. Non solo arricchisce la nostra esperienza, ma amplifica anche le vibrazioni positive che emaniamo nell'universo, creando un ciclo di energia positiva che ha il potere di toccare la vita di innumerevoli altri.

In conclusione, mentre chiudete l'ultima pagina di questo libro, sappiate che il vostro viaggio è appena cominciato. La vita è un continuo processo di apprendimento, crescita e trasformazione. Sia che utilizziate le leggi dell'attrazione per migliorare la vostra vita finanziaria, le vostre relazioni o la vostra salute, vi auguro di scoprire la bellezza di questo continuo evolversi.

Con affetto e gratitudine,
Matteo Bellucci

Se pensi che questo libro ti sia piaciuto e
ti abbia aiutato ti chiedo solo di dedicare pochi secondi a
lasciare una breve recensione su Amazon!
Grazie,
Matteo Bellucci

www.ingramcontent.com/pod-product-compliance
Lightning Source LLC
Chambersburg PA
CBHW072328290526
45794CB00002B/785